秒懂

Word/Excel/PPT
自动化办公应用技巧

博蓄诚品 编著

全国百佳图书出版单位

化学工业出版社

·北 京·

内 容 简 介

本书以"图解"的形式主要对Office软件中Word、Excel、PowerPoint这三大组件的技能应用进行了讲解。

全书共12章：第1～3章介绍了Word文档的编辑与排版；第4～8章介绍了Excel数据处理与分析的方法；第9～11章介绍了演示文档的创建与放映；第12章介绍了三大组件之间的协同操作。本书内容结构整体简洁明了，案例安排贴近实际需求，引导读者边学习、边思考、边实践，让读者不仅知其然，更知其所以然。

本书采用全彩印刷，版式活泼，语言通俗易懂，配套二维码视频讲解，学习起来更高效更便捷。同时，本书附赠了丰富的学习资源，为读者提供高质量的学习服务。

本书不仅适合行政、文秘、财会、销售、设计等办公室职员阅读，也适合在校师生使用，还可作为相关培训机构的教材及参考书。

图书在版编目（CIP）数据

秒懂Word / Excel / PPT自动化办公应用技巧 / 博蓄诚品编著. —北京：化学工业出版社，2023.3
ISBN 978-7-122-42707-6

Ⅰ.①秒… Ⅱ.①博… Ⅲ.①办公自动化-应用软件 Ⅳ.①TP317.1

中国国家版本馆CIP数据核字（2023）第010522号

责任编辑：耍利娜　　　　　　　　　　　文字编辑：吴开亮
责任校对：赵懿桐　　　　　　　　　　　装帧设计：尹琳琳

出版发行：化学工业出版社（北京市东城区青年湖南街13号　邮政编码100011）
印　　装：河北京平诚乾印刷有限公司
880mm×1230mm　1/32　印张11¹/₂　字数338千字　2023年6月北京第1版第1次印刷

购书咨询：010-64518888　　　　　　　售后服务：010-64518899
网　　址：http://www.cip.com.cn
凡购买本书，如有缺损质量问题，本社销售中心负责调换。

定　　价：59.80元　　　　　　　　　　版权所有　违者必究

　　本书编写的目的是让读者能够在最短的时间内学会并掌握Office办公工具的应用技能。

　　本书摒弃了大而全、冷而专的纯理论讲解方式，而是选择在有限的篇幅中用最直观的方式对知识内容进行呈现，书中采用了大量图示、引导线、重难点标识，让读者眼到（看会）、心到（悟透）、手到（会用）。

　　本书是一本兼通俗易懂、实用性强的"授人以渔"之书。

1. 本书内容安排

　　本书结构合理，知识点详略得当，以理论＋实操的方式，循序渐进地对Word、Excel、PPT三大组件之间的关系与应用进行了详细的阐述。

本书内容一览

Word文档			Excel表格					PPT演示文稿			组件间的协作		
制作常规文档	图文表混排	长文档的自动排版	工作表基础操作	规范输入数据	统计分析数据	数据的智能运算	数据图形化展示	创建静态演示文稿	创建动态演示文稿	放映输出演示文稿	组件间的信息联动	多人协同办公	电脑与手机端文件共享

2. 选择本书的理由

　　（1）以图代文，化繁为简

　　本书版式灵活，操作步骤清晰明确，以图解的方式取代长篇大论的文字说明，一图抵万言，学习起来更轻松。

　　（2）精华提炼，干货满满

　　本书介绍的知识点经过多次提炼，将日常工作中频繁操作的、急需解决的、容易忽略的问题进行归纳总结，让读者少走弯路，真正掌握核心技能。

（3）难易结合，满足多层次人群阅读需求

本书内容难易结合，知识面宽泛，适合不同的职场人士阅读学习。不管你是初入职场的小白，还是稍有基础或是想提升技能的办公达人，都能从本书中收获相应的知识。

3. 学习本书的方法

(1)有针对性的学习

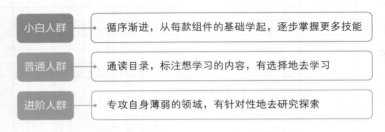

小白人群 → 循序渐进，从每款组件的基础学起，逐步掌握更多技能

普通人群 → 通读目录，标注想学习的内容，有选择地去学习

进阶人群 → 专攻自身薄弱的领域，有针对性地去研究探索

(2)寻找最佳的解决方案

在处理问题时，要学会变换思路，寻找最佳解决方案。在寻求多解的过程中，会有意想不到的收获。所以建议多角度思考问题，锻炼自己的思考能力，将问题化繁为简，这样可以牢固地掌握所学知识。

4. 本书的读者对象

- ✓ 办公基础薄弱的新手；
- ✓ 有基础但不能熟练应用工具的职场人士；
- ✓ 想要自学办公软件的爱好者；
- ✓ 需要提高工作效率的办公人员；
- ✓ 刚毕业即将踏入职场的大学生；
- ✓ 大、中专院校以及培训机构的师生。

本书在编写过程中力求严谨细致，但由于时间与精力有限，疏漏之处在所难免，望广大读者批评指正。

编者

目录
CONTENTS

第 1 章　掌握文档的制作要领

第 2 章 图文表混排轻松做

第 **3** 章 长文档的自动排版

第 4 章　熟悉工作表的基础操作

第 5 章　规范输入数据很重要

第 6 章　数据的统计与分析

第 7 章 数据的智能运算

第8章 数据的图形化展示

第9章 让幻灯片锦上添花

第 10 章　幻灯片动画效果的添加

第 11 章　幻灯片的放映与输出

第 12 章　办公软件之间的协同操作

扫码观看
本章视频

第 1 章

掌握文档的
制作要领

Word在办公软件中使用的频率
比较高，可以说各行各业多多少
少都会使用到它，所以熟练掌握
该软件的使用技巧很有必要。本
章将介绍Word中一些常用的办
公技巧，帮助用户解决日常的操
作问题。

1.1 便捷的操作小妙招

在正式介绍前，先向用户介绍几个通用的操作小技巧。灵活地运用这些技巧，相信你的工作效率将会大幅度提升。

1.1.1 将文档设为兼容模式

目前 Word 主流版本是 2016 版。如果用户安装的版本低于 2016 版，那么系统将无法打开高版本的文档。遇到这种情况，建议用户在进行文档保存时，将文档保存成兼容模式即可，图 1-1 所示的是文档正常模式与兼容模式的转换过程。

图1-1

Word2016 版本默认保存的类型为"Word 文档"，如果用户需要，可将其默认的类型设为"Word97-2003 文档"。当下次进行文档保存时，系统会自动将文档保存为兼容模式，如图 1-2 所示。

图1-2

打开"Word选项"对话框，在"保存"选项中将"将文件保存为此格式"设为"Word97-2003文档"。

1.1.2 使用"选择"功能选取文本

在长篇文档中要想选中所有小标题，大多数人会使用鼠标配合【Ctrl】键一个个地选取。这样操作太麻烦，其实用户完全可以利用选择功能进行批量选择，如图1-3所示。

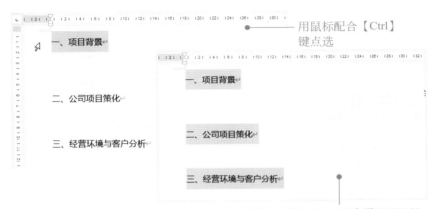

图1-3

利用"选择格式相似的文本"选项可快速选中所有与被选文本格式相同的文本。如果有一处文本格式不同，则该文本将不被选中。

选择一个小标题，选择"开始"→"编辑"→"选择"→"选择格式相似的文本"选项，如图1-4所示。

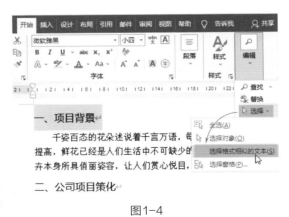

图1-4

知识链接

在"选择"列表中还可以使用"选择对象"功能，快速选取当前页面中的所有图形，如图1-5所示。选择该选项后，鼠标将会以指针的形式显示，利用鼠标拖拽的方法，框选页面中所有图形即可选中。选择完成后，按【Esc】键可退出选择状态。

图1-5

1.1.3 重复输入相同的内容

我们经常需要在文档中重复输入某些固定的内容，例如公司名称、地址、电话等。一般会采用复制粘贴的方法来输入这些固定的内容，其实用户完全可以利用自动图文集功能，实现一劳永逸的效果。

例如，现将"公司简介"信息以图文集的方式自动插入"招聘启事"文档中，如图1-6所示。

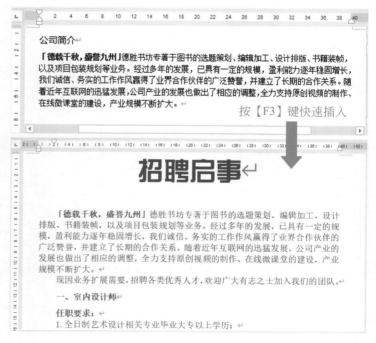

图1-6

先选中"公司简介"内容，选择"插入"→"文档部件"→"自动图文集"→"将所选内容保存到自动图文集库"选项，如图1-7所示。

在"新建构建基块"对话框中更改"名称"，其他为默认设置，单击"确定"按钮，如图1-8所示，将其保存到自动图文集库中。

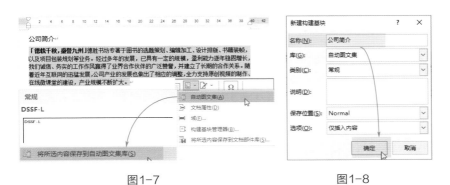

图1-7   图1-8

保存完成后，再次打开"自动图文集"选项，可查看到保存的公司简介内容，如图1-9所示。打开"招聘启事"文档，指定要插入的点，并输入图文集名称，例如"公司"字样，此时在光标处会显示出相关图文集内容，如图1-10所示。

图1-9   图1-10

按【F3】键即可将该图文集内容快速插入光标处，同时其段落格式也会与当前文档格式相匹配。

如果想要删除创建的图文集内容，可在"文档部件"列表中选择

"构建基块管理器"选项，在打开的"构建基块管理器"对话框中选择要删除的内容名称，单击"删除"按钮即可，如图1-11所示。

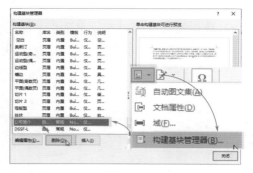

图1-11

1.1.4 剪贴板的使用技巧

在Word中经常会用【Ctrl+C】组合键和【Ctrl+V】组合键进行内容的复制粘贴操作。这种方法虽然很便捷，但每次复制后，系统只会记录上一次复制操作。如果想要重复粘贴不同的内容，那就需要反复进行复制粘贴。为了避免这样的麻烦，用户可以借助剪贴板功能来操作。

剪贴板可将每一次复制的内容记录下来，在进行粘贴时，只需在剪贴板中选择所需内容即可。

使用剪贴板还可将不同的文本以相对应的图片来显示。例如，将文档中的"①、②、③、④"以相应的图标来显示，如图1-12所示。

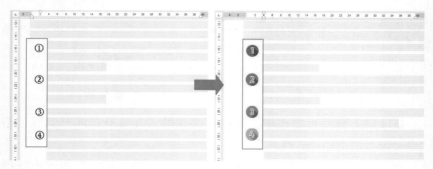

图1-12

先将图标插入文档中，并分别对其进行复制，让剪贴板中显示出相应的图标。

然后选中正文中的"①"，在剪贴板中选择图标插入，如图1-13所示。

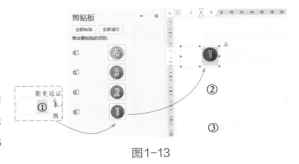

图1-13

照此方法，将文档中的其他编号替换成相应图标即可，操作起来非常方便。

> **(!) 注意事项**
>
> 剪贴板虽然方便，但其承载的数量是有限的，最大承载量为26。所以用户需及时清理剪贴板的内容。在剪贴板中单击"全部清空"按钮，可一次性清空所有内容，也可根据需要删除个别内容。

1.1.5 复制粘贴我做主

如果想要将网页中的内容复制到文档中，大多数人都会使用【Ctrl+C】组合键和【Ctrl+V】组合键来操作，可复制的结果往往让人"难堪"，别人一看就知道是网上的内容。如何做到毫无痕迹地复制粘贴呢？很简单，只需使用"粘贴选项"功能即可，如图1-14所示。

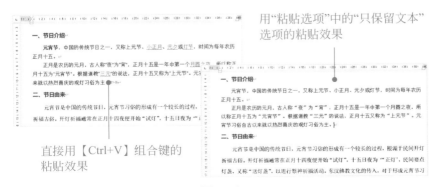

用"粘贴选项"中的"只保留文本"选项的粘贴效果

直接用【Ctrl+V】组合键的粘贴效果

图1-14

利用【Ctrl+C】组合键复制后，在页面空白处使用鼠标右键单击，在弹出的快捷菜单中选择"粘贴选项"→"只保留文本"选项，如图1-15所示。

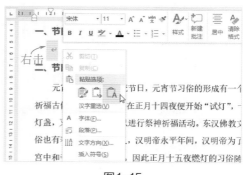

图1-15

"粘贴选项"中的粘贴模式各有各的用处，用户可根据实际需要选择。

• 保留源格式 ：被复制的文本，其格式依然会保持原始模样。在被复制的文本格式与目标格式相同的情况下，可使用该模式进行操作。

• 合并格式 ：会删除原本格式，并与当前文档格式保持一致。当需要将文本按照目标格式来显示时，可使用该模式操作。

• 只保留文本 ：以纯文本的方式进行粘贴，无论复制的文本格式有多复杂，使用该模式后，它会自动过滤复制文本的格式，并将其以当前的文档格式来显示。

1.1.6　格式复制的两大法宝

格式复制与文本复制相似。当需要对多个文本应用相同格式时，可进行格式复制操作。

（1）使用格式刷复制

格式刷就是用于格式复制的。使用它可快速将当前文本格式应用至其他文本上，从而避免格式重复设置操作。

选择要复制格式的文本，单击"开始"→"格式刷"按钮，选择目标文本，如图1-16所示。

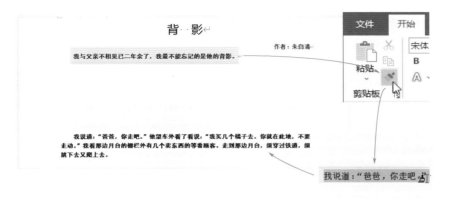

图1-16

（知识链接）知识链接

单击一次格式刷可复制一次，双击格式刷可进行多次复制，直到按【Esc】键结束复制。

（2）使用【F4】键复制

严格地说，【F4】键用于快速地重复上一步操作。如果上一步的操作是设置文本格式，那么在选择其他文本后，按下【F4】键，此时被选中的文本将会应用相同的格式，如图1-17所示。

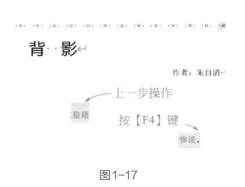

图1-17

（知识链接）知识链接

【F4】键除用于格式复制外，还可重复录入相同的文字内容。此外，在表格中使用公式计算的话，利用【F4】键可快速填充计算结果，其功能类似于Excel的数据填充功能，非常方便。

1.2　文本格式的编辑技巧

文本的输入与格式的设置看似简单，但如果我们没有掌握一些设置技巧，那么在遇到棘手的问题时，还是会无从下手。下面介绍几种日常文本的编辑技巧，以供用户参考。

1.2.1　特殊字符的输入方法

在制作文档时，要输入一些特殊的字符，例如上下标文字、生僻字、拼音的添加等。面对这类字符该如何准确地输入呢？下面就来介绍具体操作。

（1）输入上下标文字

当需要为文本添加上、下标内容时，可直接在"字体"选项组中单击"上标"或"下标"按钮，如图1-18所示。

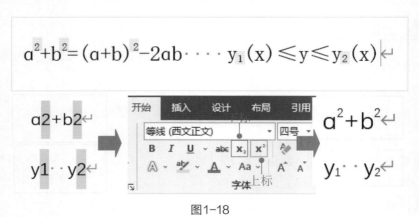

图1-18

(!) 注意事项

开启"上标"或"下标"模式后，需及时将其关闭，否则会一直处于该模式状态。

（2）输入生僻字

生僻字的输入方法有很多，比较常用的就是利用输入法中的手写板功能输入，如图1-19所示。

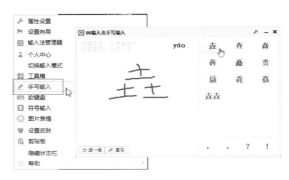

图1-19

此外，用户还可利用Word中的"符号"功能来输入，如图1-20所示。

先输入偏旁部首，然后选择"插入"→"符号"→"其他符号"选项，在"符号"对话框中找到相应的生僻字。

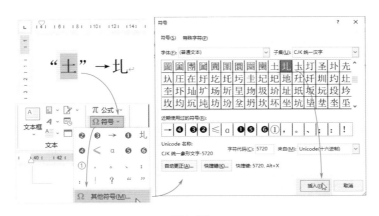

图1-20

（3）添加文字拼音

利用Word中的"拼音指南"功能可以快速为文本添加拼音。

先选中所需文本，单击"开始"→"拼音指南"按钮，在打开的"拼音指南"对话框中，调整拼音文本的格式，单击"确定"按钮，如

图 1-21 所示。

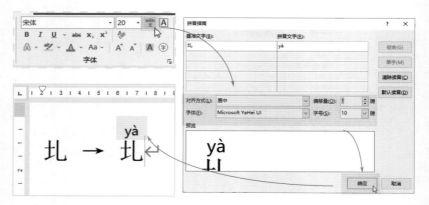

图1-21

除使用拼音指南方法外，用户还可以使用"符号"对话框来插入拼音字符。打开"符号"对话框，将"子集"设为"拼音"选项，在打开的列表中选择相应的拼音字符，如图1-22所示。

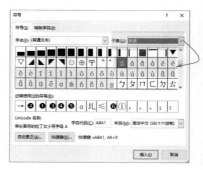

图1-22

1.2.2　数学公式的快速插入

当需要在文档中快速插入公式时，可利用"公式"功能来操作。在文档中指定插入点，选择"插入"→"公式"→"插入新公式"选项，在打开的"公式工具-公式"选项卡中根据需要插入相应的公式符号，如图1-23所示。

图1-23

例如，要输入如图1-24所示的公式，可利用"公式工具"的"结构"选项组中的相关命令来操作。

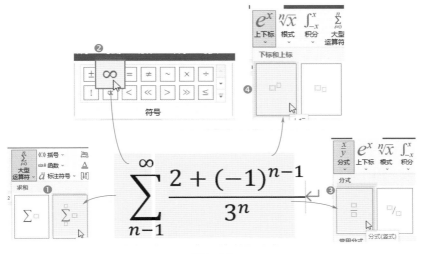

图1-24

输入公式后，单击公式编辑窗口右下角按钮，在其列表中可以对公式的显示模式、对齐方式进行设置，如图1-25所示。

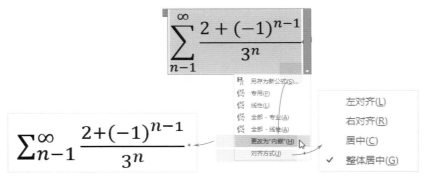

图1-25

用户也可在"公式"列表中选择内置的公式模板，然后在该模板中利用"公式工具"中的命令调整公式内容，如图1-26所示。

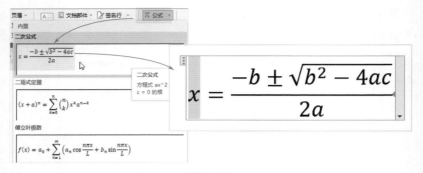

图1-26

对于结构简单的公式，可以利用以上方法来操作，但对结构复杂的公式，用户就可以利用"墨迹公式"功能进行操作。

选择"公式"→"墨迹公式"选项，打开"数学输入控件"对话框，手动输入公式内容，单击"插入"按钮，将公式插入文档中，如图1-27所示。

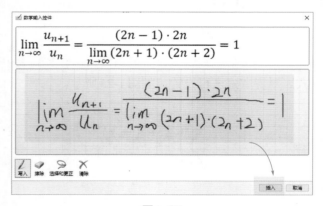

图1-27

在输入过程中，系统会自动识别输入的内容。当识别错误时，用户可单击该窗口中的"擦除"和"写入"按钮，重新调整公式内容，直到识别正确为止。

！注意事项

用户在输入公式的过程中，尽量一笔一画书写，字迹工整。否则，系统将很难识别出公式内容。

1.2.3　制作双行合一红头文件

　　红头文件指的是各级政府机关下发的带有红色标题的文件、声明、公告。对于这类公文标题，用户是可以用双行合一功能来制作的，如图1-28所示。

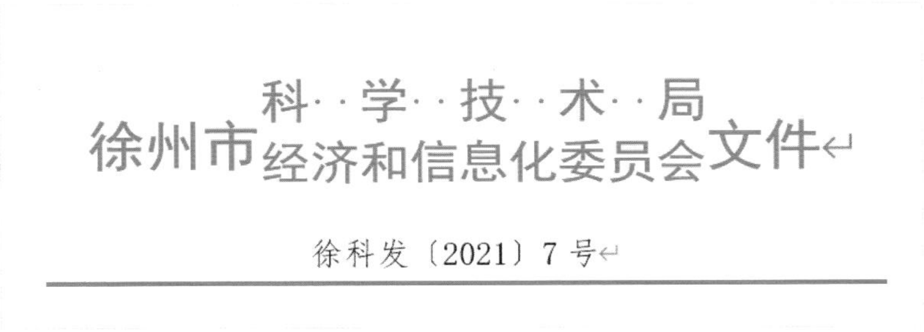

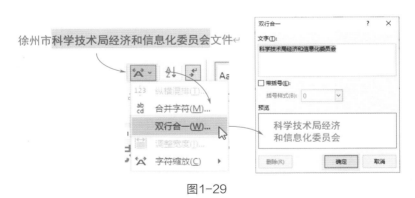

　　先输入标题所有内容，选择要合并的文本，选择"开始"→"中文版式"→"双行合一"选项，在打开的"双行合一"对话框中单击"确定"按钮，如图1-29所示。

图1-29

　　此时的文本版式需要进一步调整，用户可按空格键来调整合并文本的位置，如图1-30所示。

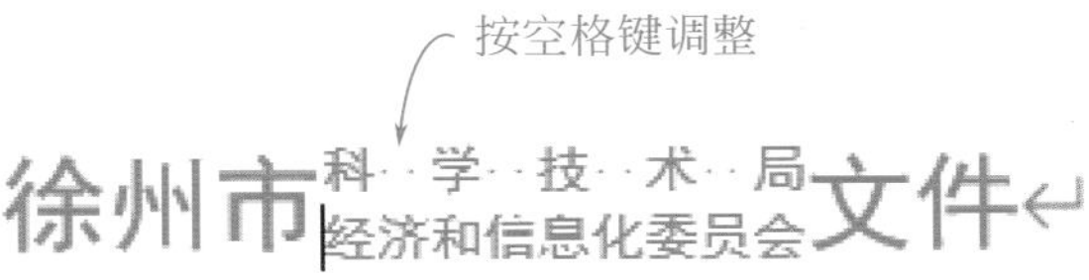

图1-30

(∷) 知识链接

　　除该方法外，用户还可以利用表格功能来操作。先插入一个两行三列的表格，然后合并第1列和第3列的单元格，输入并设置文本格式，最后隐藏表格框线。

1.2.4　快速对齐上、下行文字

　　想要快速对齐如图1-31所示的"姓名"和"出生年月"这两行文字，可利用Word中的"调整宽度"功能来操作，图1-32所示的是对齐效果。

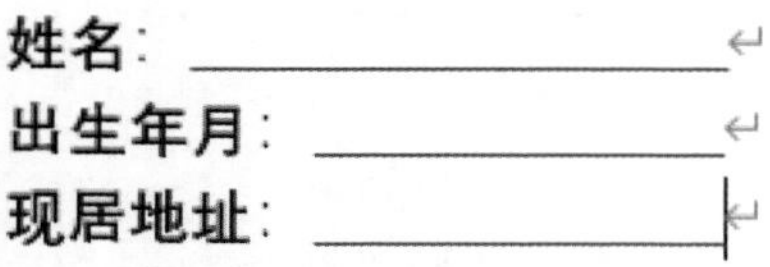

姓名：＿＿＿＿＿＿＿↵	姓　　名：＿＿＿＿＿↵
出生年月：＿＿＿＿＿↵	出生年月：＿＿＿＿＿↵
现居地址：＿＿＿＿＿｜↵	现居地址：＿＿＿＿＿｜↵

图1-31 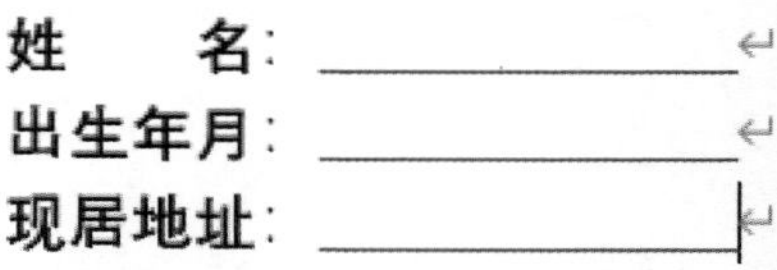　　　　　　　　　　　　图1-32

　　选中"姓名"文本，选择"开始"→"中文版式"→"调整宽度"选项，输入新的宽度值，如图1-33所示。

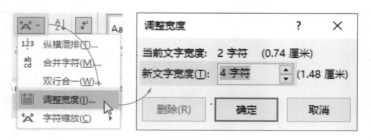

图1-33

　　此外，在"段落"选项组中单击"分散对齐"按钮，也可以打开"调整宽度"对话框进行设置，如图1-34所示。

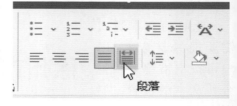

图1-34

在"调整宽度"对话框中的"新文字宽度"数值是根据要对齐的字符数来设置的，本例对齐的字符数是4（出生年月），这里直接输入4即可。当"新文字宽度"小于"当前文字宽度"时，如图1-35所示，系统会自动缩小相应的字符，以便达到对齐效果。

图1-35

1.3　段落样式的编辑诀窍

样式在Word中是比较重要的功能。灵活运用样式，可对文档进行快速排版，使文档的结构更加清晰明了。

1.3.1　创建并修改内置样式

样式是一组字符和段落格式的组合，运用它可避免文档格式的重复设置。例如字体、字号、段落行距等。Word中内置了多种文档样式，用户可以将其直接套用。

在"开始"选项卡的"样式"选项组中可查看到所有内置的样式，而常用的样式有"正文""标题1""标题2"和"标题"4种，如图1-36所示。

图1-36

其中，内置的"正文"样式不建议用户修改，该样式是文档默认的段落样式，一旦该样式发生了变化，会影响整个文档的样式，调整起来会比较麻烦。

这些标题样式与实际文档内容的对应关系如图1-37所示。

图1-37

以上介绍的"标题3"样式是隐藏样式，默认情况下是不显示在列表中的。如果想要应用该样式，需要用户将其调出。

单击"样式"右侧的小箭头，打开"样式"窗格，选择"标题2"样式后，随即会显示出"标题3"样式，如图1-38所示。按照该方法可以快速调出"标题4""标题5""标题6"等样式，如图1-39所示。

图1-38　　　　　　　　　　　　图1-39

在文档中选择所需标题，在"样式"列表中选择样式即可将其应用于当前标题中，如图1-40所示。同时在"导航"窗格中也会显示出该标题内容。

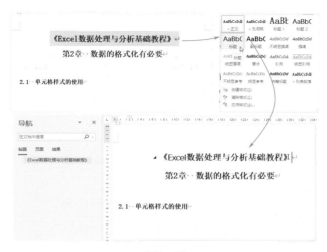

图1-40

使用鼠标右键单击添加的"标题"样式，在弹出的快捷菜单中选择"修改"选项，打开"修改样式"对话框，在此可对当前样式进行修改。例如修改字体、字号、字形、段落格式等，如图1-41所示。

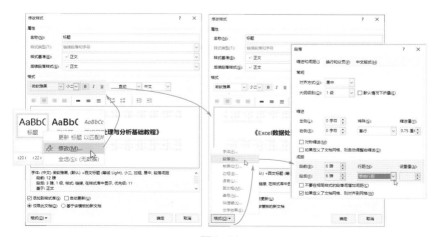

图1-41

如果内置的样式满足不了制作需求，用户可根据需求来新建样式。在"样式"选项组中选择"创建样式"选项，在打开的"根据格式化创建新样式"对话框中先为样式进行命名，单击"修改"按钮，在打开的"根据格式化创建新样式"对话框中进行文字、段落等格式设置，如图1-42所示。

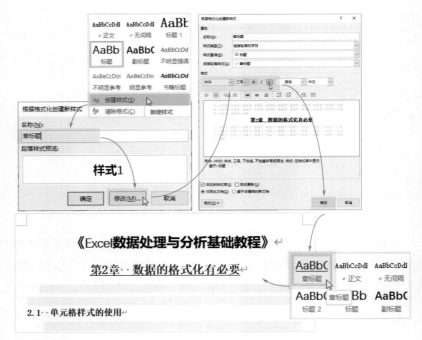

图1-42

1.3.2 文档样式的共享技巧

一般情况下创建好的样式只能应用于当前文档中，如要将该样式同时应用到新的文档，那么就需要对样式进行复制操作。

单击"样式"右侧小箭头，打开"样式"窗格，单击"管理样式"按钮，打开"管理样式"对话框，单击"导入/导出"按钮，打开"管理器"对话框。先清除右侧"在Normal中"列表的内容，然后导入新文档样式，如图1-43所示。

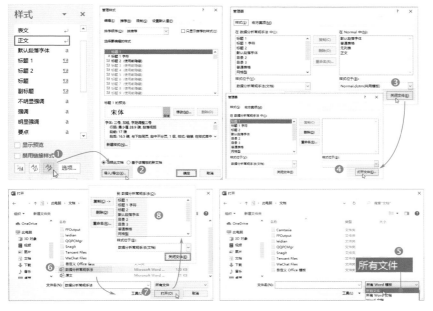

图1-43

按照同样的方法，清除左侧列表的内容，导入要复制的文档样式，并在此选择要复制的样式，单击"复制"按钮，将其复制到右侧新文档样式中，如图1-44所示。

图1-44

1.3.3　为文档条目内容设置编号

默认情况下，在文档中输入数字，并添加".（点号）"或"、（顿号）"，按【Enter】键，系统会自动将其识别为编号，并按照顺序添加下一个编号值，如图1-45所示。这就是文档的自动编号功能，一边输入内容，一边进行自动编号。

图1-45

此外，还有一种情况，就是在内容输入完成后再添加编号，此时只需选中所有要编号的内容，单击"开始"→"编号"按钮，从列表中选择编号格式，此时被选中的文本已添加相应的编号，如图1-46所示。

图1-46

添加编号后，有时编号与文本之间的距离会很大，影响美观。这时用户可以对该距离进行调整，在标尺中对"悬挂"滑块进行微调即可，如图1-47所示。此外，使用鼠标右键单击编号内容，在弹出的快捷菜单中选择"调整列表缩进量"选项，将"编号之后"选项设为"不特别标注"，如图1-48所示。

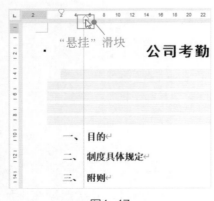

图1-47

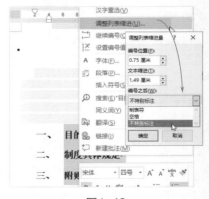

图1-48

通常系统会按编号顺序顺延下来，如果需要在某编号处重新编号的话，只需设置一下起始编号值即可。

使用鼠标右键单击需要重新编号的内容，在弹出的快捷菜单中选择"设置编号值"选项，打开"起始编号"对话框，重新设置编号值，如图1-49所示。

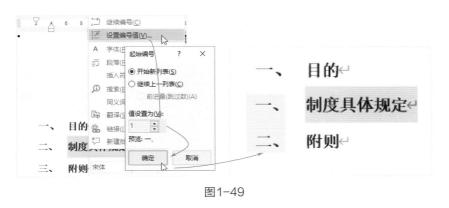

图1-49

如果用户对当前编号格式不满意，可以自定义编号格式，如图1-50所示。

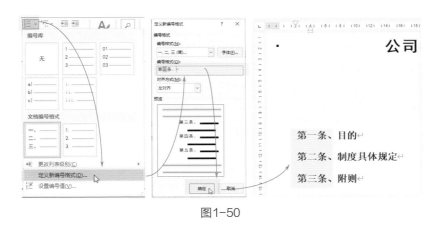

图1-50

在"编号"列表中选择"无"选项，可以清除文档编号。当不需要进行自动编号时，用户可取消自动编号功能。选择"文件"→"选项"，在"Word选项"对话框中进行相关操作，如图1-51所示。

图1-51

1.3.4 多级列表的简单应用

在实际工作中经常会遇到一些结构层次比较多的文档，它们不仅有1级编号，还会有2级、3级甚至4级编号，如图1-52所示。如要为这类文档添加编号的话，用户就需要使用多级列表功能。

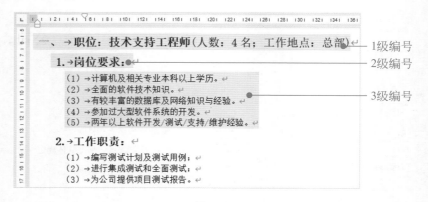

图1-52

选中所需编号的内容，单击"开始"→"多级列表"按钮，在其列表中选择列表的样式，即可将其应用于被选内容中，如图1-53所示。

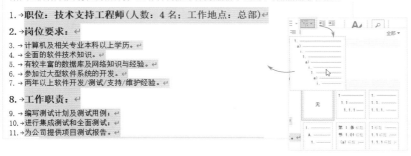

图1-53

此时文档只显示1级编号，用户需在此基础上调整出2级、3级编号。选择2级编号的内容，在"多级列表"中选择"更改列表级别"选项，在其级联菜单中选择"2级"即可设置2级编号，如图1-54所示。

知识链接

添加多级列表后，系统会根据内容缩进值的多少，自动判断相应的编号级别。本例中文本没有缩进操作，所以系统会将所有内容识别为1级编号。如果有一段内容设置了缩进值，那么该内容就会添加2级编号。

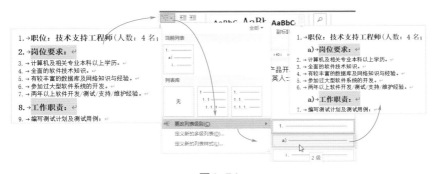

图1-54

接下来，选择3级编号内容，并更改编号级别为3级，即可设置出3级编号，如图1-55所示。

图1-55

多级列表添加好后，如果列表样式不能满足需求，用户可自定义其样式。在"多级列表"中选择"定义新的多级列表"选项，打开"定义新多级列表"对话框，在此进行设置，如图1-56所示。

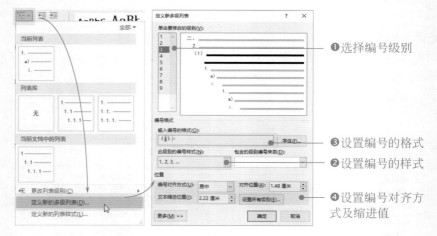

❶ 选择编号级别

❸ 设置编号的格式

❷ 设置编号的样式

❹ 设置编号对齐方式及缩进值

图1-56

1.3.5　一次性清除文档所有空格

文档存有很多空格，除其页面效果受到影响外，还会给后期排版带来不小的麻烦。如果手动一个个删除的话，效率会很低。遇到此类情况，建议用户使用替换功能来操作，如图1-57所示。

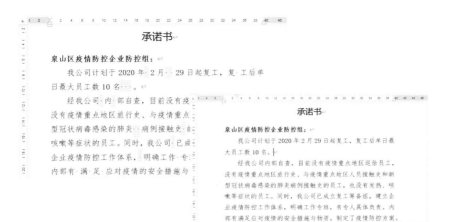

图1-57

打开文档，按【Ctrl+H】组合键打开"查找和替换"对话框，在此将"查找内容"设为"^w"，将"替换为"保持空白，单击"全部替换"按钮，如图1-58示。这里的"^w"是空格代码，意思是查找文档中所有空格。

图1-58

1.3.6 字体格式批量替换

在长篇文档中想要对一些关键字或词进行突出显示，可以利用替换功能来操作。Word 的查找和替换功能可以有针对性地将某个格式的字体批量替换为另一个格式的字体。例如，批量替换文档中所有"山海经"的文本格式，结果如图 1-59 所示。

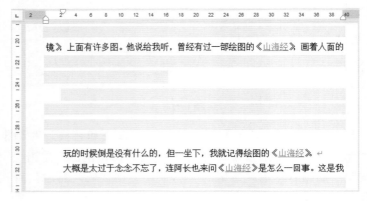

镜》上面有许多图。他说给我听，曾经有过一部绘图的《山海经》画着人面的

玩的时候倒是没有什么的，但一坐下，我就记得绘图的《山海经》

大概是太过于念念不忘了，连阿长也来问《山海经》是怎么一回事。这是我

图1-59

将光标放置正文起始处，按【Ctrl+H】组合键打开"查找和替换"对话框，将"查找内容"设为"山海经"，在"替换为"中通过"格式"→"字体"选项，在"查找字体"对话框中设置格式，如图 1-60 所示。

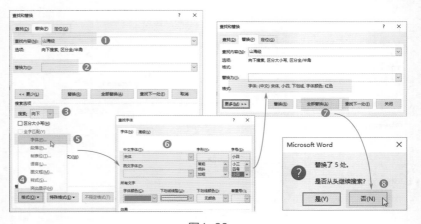

图1-60

1.3.7 让所有图片居中对齐

在日常操作中，人们往往是在完成工作后，才发现图片没有对齐。一个个手动调整，这效率就不言而喻了。对于这种情况，用户可以利用替换功能一键对齐图片，如图1-61所示。

按【Ctrl+H】组合键打开"查找和替换"对话框，在"查找内容"中输入"^g"，将"替换为"通过"格式"→"段落"命令设置对齐方式，如图1-62所示。

图1-61

图1-62

其中，"^g"表示图形，意思是查找文档中所有图形和图像。用户也可选择"特殊格式"→"图形"选项来输入。

1.3.8　模糊查找指定内容

在文档中批量更改指定的内容，相信大多数人都会使用"替换"功能来操作。但如果对内容不确定，只能确定其中某个关键字，该如何进行替换呢？方法很简单，使用通配符来查找即可。

例如，将如图1-63所示的"詹园""湛园""章园"等词统一替换为"瞻园"。

图1-63

按【Ctrl+H】组合键打开"查找和替换"对话框，先勾选"使用通配符"复选框，然后设置好"查找内容"和"替换为"内容即可完成操作，如图1-64所示。需提醒的是，在输入通配符时，一定要在英文状态下输入，否则视为无效。

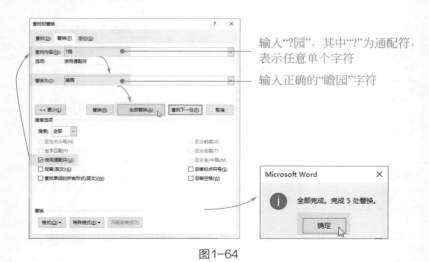

输入"?园"，其中"?"为通配符，表示任意单个字符

输入正确的"瞻园"字符

图1-64

在"查找内容"文本框中也可以输入"*园"字符,其中"*"为通配符,表示任意数量的字符串。在模糊查找时,如果能确定最后一个字符"园",其之前的字符数不确定,就可用"*"号来查找。

1.4 文档的保护与打印

文档制作完成后,通常会将文档进行输出或打印,以方便不同需求的人查阅。本小节将着重对文档输出和打印的技巧进行介绍,以帮助用户提高操作效率。

1.4.1 将文档以只读方式打开

如果想让文档局限于只能浏览、不能更改的模式,可将文档设置为只读状态,如图1-65所示。

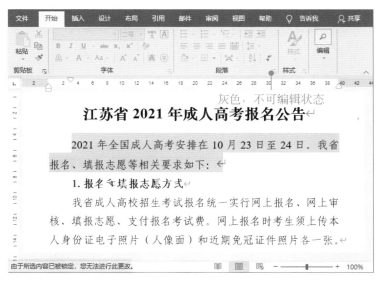

图1-65

单击"审阅"→"限制编辑"按钮,打开"限制编辑"窗格,在此进行相关设置,完成后,将文档进行保存,如图1-66所示。

图1-66

（知识链接）

　　想要撤销保护状态，可在"限制编辑"窗格中单击"停止保护"按钮，并输入设置的密码。

1.4.2　为文档设置加密保护

　　对于一些私密文件，用户可为其设置密码保护，以免泄密，如图1-67所示。该文档只有知晓密码的人才能打开，其他人无权查看。

图1-67

秒懂 Word/Excel/PPT 自动化办公应用技巧

选择"文件"→"信息"→"保护文档"→"用密码进行加密"选项，在打开的"加密文档"对话框中设置密码，并将当前文档进行保存，如图1-68所示。

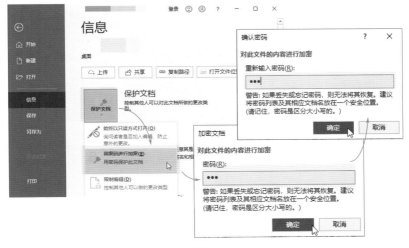

图1-68

知识链接

用户还可以在"另存为"对话框中选择"工具"→"常规选项"，在打开的"常规选项"对话框中设置"打开文件时的密码"，如图1-69所示。

图1-69

1.4.3 设置文档编辑权限

如果想要将文档部分内容设置编辑权限，可以使用"限制编辑"功能来操作，如图1-70所示。

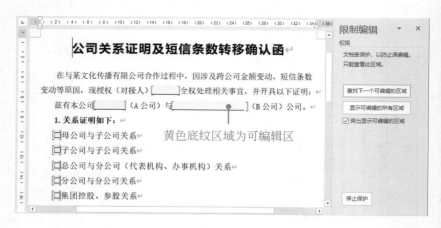

图1-70

打开"限制编辑"窗格，勾选"仅允许在文档中进行此类型的编辑"复选框，在文档中选择可编辑区域。返回"限制编辑"窗格，勾选"每个人"复选框，此时可编辑区将以灰色突出显示，如图1-71所示。

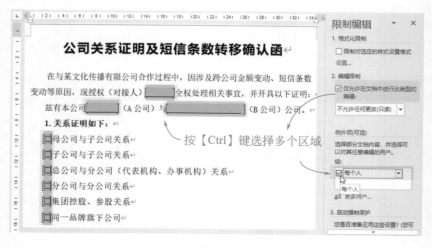

图1-71

在"限制编辑"窗格中单击"是，启动强制保护"按钮，并输入确认密码即可完成文档编辑权限的设置。

1.4.4　只打印指定的文档内容

单击"打印"按钮后，系统默认会对当前文档进行打印操作。如果只想打印某一页，或者某一段的内容，那么可在"打印"界面的"页数"中进行自定义设置。

在"文件"→"打印"→"页数"选项中直接输入打印的页数，如图1-72所示为打印连续的页面。如果需要打印不连续的页面，可在页数之间用逗号隔开，如图1-73所示。

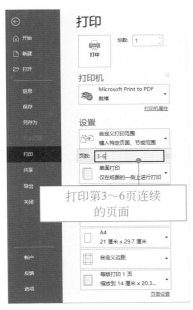

图1-72　　　　　　　　　　　　　图1-73

此外，如果在"页数"文本框中输入"2，6-9"，那么系统会打印文档的第2页、第6页、第7页、第8页和第9页的内容，如图1-74所示。

图1-74

(!) 注意事项

注意逗号一定要在英文状态下输入。

扫码观看
本章视频

第 2 章

图文表混排
轻松做

文档版式很重要，它是提升文档颜值的关键。在Word中想要排出好看的版式，除有一定想法外，还要有过硬的操作技能，否则，一切都是纸上谈兵。本章主要向用户介绍一些实用的排版技术，以便提供给用户一些制作思路，起到抛砖引玉的作用。

2.1 文档中图片的处理和应用

在文档中插入图片，主要是为了方便阅读者理解文档内容。此外，图片还起到一定的修饰效果，丰富页面内容。所以图片处理得好坏会直接影响版式效果。本节将介绍一些图片处理的常见方法，以便用户参考使用。

2.1.1 快速插入屏幕截图

利用"屏幕截图"功能可以将屏幕中的图片快速插入文档中，如图2-1所示，无需经过保存、插入这两个步骤，操作起来非常方便。

图2-1

选择"插入"→"屏幕截图"→"屏幕剪辑"选项，在屏幕中截取所需的区域，随即插入文档光标处，如图2-2所示。

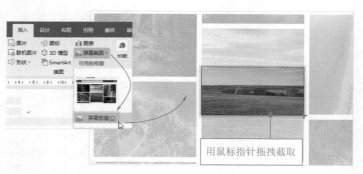

图2-2

2.1.2　快速将图片裁剪为正圆形

　　在 Word 中将方形的图片裁剪为正圆形是需要一些技巧的。如果单纯使用"裁剪"命令，则是无法完成的。所以，这里就要结合两种裁剪方法——裁剪为形状、纵横比，结果如图2-3所示。

《无名女郎》

1883 年　克拉姆斯柯依　俄国　75.5cm×99cm　布　油彩
莫斯科特列恰科夫美术馆藏

《无名女郎》

1883 年　克拉姆斯柯依　俄国　75.5cm×99cm　布　油彩
莫斯科特列恰科夫美术馆藏

图2-3

　　选中图片，选择"图片工具-格式"→"裁剪"→"裁剪为形状"→"椭圆"选项，先将图片裁剪为椭圆形。再次选择"裁剪"→"纵横比"→"1：1"选项，此时椭圆形图片已变换为正圆形，如图2-4所示。

形状列表中只有椭圆，没有圆形

图2-4

2.1.3 图片日常处理的操作

当在文档中插入图片后，用户可以利用基本的修图功能来对图片的色调、亮度、饱和度以及艺术效果进行调整，如图2-5所示。

调整了亮度、饱和度后的效果

图2-5

选中图片，在"图片工具-格式"选项卡的"调整"选项组中，根据需要单击"校正"和"颜色"按钮，选择合适的选项，如图2-6所示。

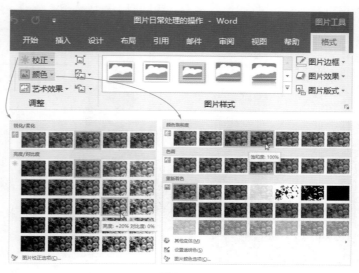

图2-6

单击"艺术效果"按钮，可以为当前图片添加各种类型的艺术效果，如图2-7所示。

图2-7

在"图片样式"选项组中，可以为图片添加边框和效果，如图2-8所示。

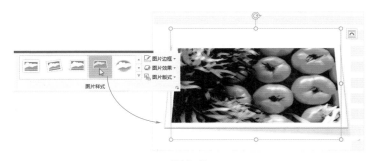

图2-8

图片设置后，如想在当前样式不变的情况下更换图片内容，可单击"更改图片"→"来自文件"按钮，选择新图片，如图2-9所示。

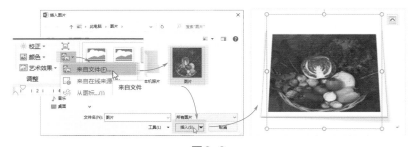

图2-9

知识链接

在"调整"选项组中单击"重设图片"按钮，在打开的列表中选择重设的类型，可将当前图片立刻恢复至初始效果，如图2-10所示。

图2-10

2.1.4 智能的图片背景去除工具

删除背景功能可以快速去除图片背景，用户只需在图片中调整好要删除的背景，系统会自动将其删除。如图2-11所示的是删除背景后并加以合成的效果。

图2-11

选择左侧图片，单击"图片工具-格式"→"删除背景"按钮，打开"背景消除"选项组，系统会识别出背景区域，如图2-12所示。单击"标记要保留的区域"按钮或"标记要删除的区域"按钮进行标记，调整背景区域，如图2-13所示。

图2-12

图2-13

单击"保留更改"按钮即可删除其背景。将该图片排列方式设为"浮于文字上方",如图2-14所示,将其放置于合适位置,调整图片的色调,让其与背景尽量融合在一起。

图2-14

2.1.5 调整图片的排列方式

默认情况下,图片是以嵌入方式插入文档中的。为了丰富文档版式,用户可对图片的排列方式进行调整。选中图片,单击图片右上角"布局选项"按钮,在其列表中选择一种排列方式,如图2-15所示。

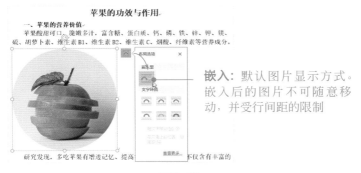

图2-15

文字环绕方式包含六种,分别是四周型、紧密型环绕、穿越型环绕、上下型环绕、衬于文字下方和浮于文字上方,如图2-16所示。

图2-16

紧密型环绕：文字会沿着图片轮廓紧密环绕

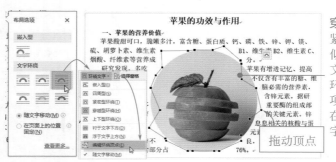

拖动顶点

穿越型环绕：与紧密型环绕相似。利用"环绕文字"→"编辑环绕顶点"选项，设置顶点所在的位置进行文字环绕

上下型环绕：与嵌入方式相似，但其不同之处在于，该方式图片可以随意移动，不受段落行间距制约

衬于文字下方：图片显示在文字下方，当需要将图片作为背景时，可利用该方式

图2-16

浮于文字上方：
图片显示在文字
上方，覆盖文字

2.1.6 将图片设为文档背景

为文档添加背景图片，可丰富页面内容，提高可阅读性，如图2-17所示。在Word中可通过三种方式来为文档添加背景。

（1）利用"水印"功能添加

选择"设计"→"水印"→"自定义水印"选项，打开"水印"对话框，选择"图片水印"单选按钮，并单击"选择图片"按钮加载背景图。

双击页眉处，将其设为编辑状态，选中图片，将它的大小调整至与页面同宽，如图2-18所示。

恨别
唐代：杜甫
洛城一别四千里，胡骑长驱五六年。
草木变衰行剑外，兵戈阻绝老江边。
思家步月清宵立，忆弟看云白日眠。
闻道河阳近乘胜，司徒急为破幽燕。

【译文】
我离开洛城之后便四处漂泊，远离它已有四千里之遥，安史之乱叛军长驱直入中原也已经有五六年了。
草木由青变衰，我来到剑阁之外，为兵戈阻断，在江边渐渐老去。
我思念家乡，忆念胞弟，清冷的月夜，思乡不能寐，忽步忽立。冷清的白昼，卧看行云，倦极而眠。令人高兴的是听说司徒已攻克河阳，正乘胜追击敌人，急于要拿下幽燕。

【赏析】
鉴赏此诗，一要注意炼字的表达效果，二要注意表意的蕴藉，寓情于形象的描绘和叙述。首联领起"恨别"，点明思家、忆国的题旨。
颔联两句描述诗人流落蜀中的情况。
颈联通过"宵立昼眠，忧而反常"（《杜少陵集详注》）的生活细节描写，曲折地表达了思家忆弟的深情。
尾联回应次句，抒写杜甫听到唐军连战皆捷的喜讯，盼望尽快攻破幽燕、平叛乱的急切心情。这首七律用简朴优美的语言叙事抒情，言近旨远，辞浅情深。杜甫把个人的遭际和国家的命运结合起来写，每一句都蕴蓄着丰富的内涵，饱含着浓郁的诗情，值得读者反复吟味。

图2-17

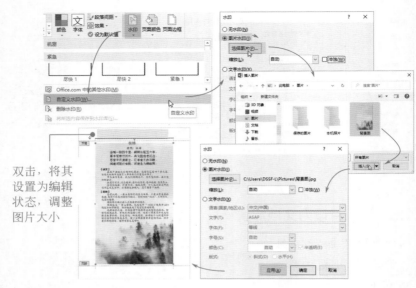

双击，将其设置为编辑状态，调整图片大小

图2-18

（2）利用设置图片环绕方式添加

该方式很简单，只需将图片插入文档任意处，使用鼠标右键单击图片，将其排列方式设为"衬于文字下方"，然后调整好图片的大小与位置即可，如图2-19所示。

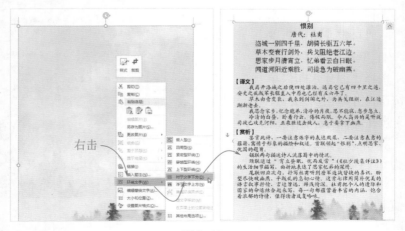

右击

图2-19

（3）利用"填充效果"功能添加

选择"设计"→"页面颜色"→"填充效果"选项，打开"填充效果"对话框，在"图片"选项卡中单击"选择图片"按钮，加载背景图，如图2-20所示。需要注意的是，利用该方法添加的背景图经常会存在显示不全的情况。

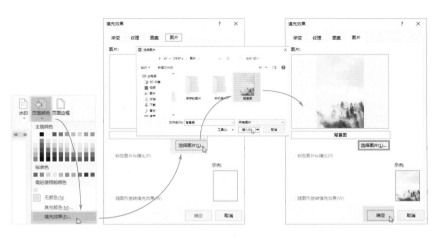

图2-20

2.1.7 利用形状突显重要内容

在文档中想要突显重要内容的方法有很多，例如，更换所需文本的颜色、利用"文本突出显示"功能突显、添加下划线的方式来突显等，如图2-21所示。

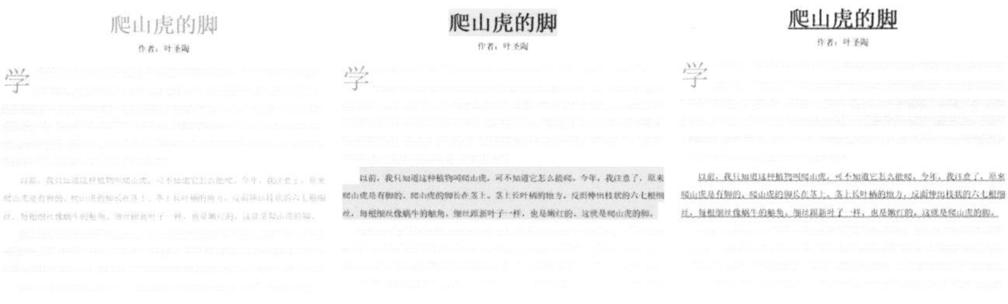

图2-21

下面将介绍利用形状功能突显文本内容的操作，如图2-22所示。

选择"插入"→"形状"→"矩形"选项，绘制矩形。将"绘图工具-格式"→"形状填充"设置好矩形的颜色；将"轮廓填充"设为"无轮廓"；将矩形排列方式设为"衬于文字下方"。

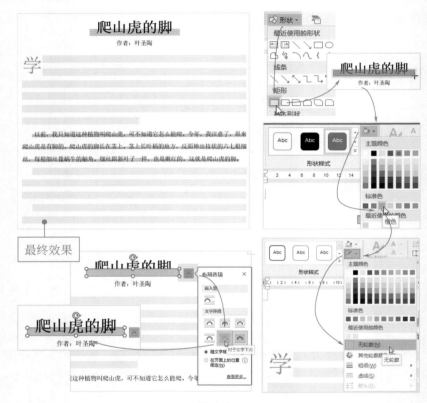

图2-22

2.2　尝试多种版式的设计

为了让页面版式活跃起来，用户可以尝试制作各种版式效果。例如，单栏和多栏混排方式、少图与多图排版、古风效果排版等。下面将对这些版式操作进行介绍。

2.2.1 设置页边距

页边距是指文档内容与页面边界的距离，如图2-23所示。用户可在"布局"→"页边距"列表中选择内置的边距值，也可以根据需要自定义边距值。

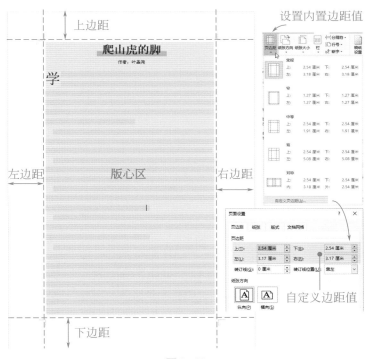

图2-23

页边距越大，版心区就越小；页边距越小，版心区则越大。用户在进行排版时，需要先确定好页边距。一旦页边距发生了变化，那么整篇文档版式也会随之改变。

🎞 知识链接

在"页面设置"选项卡中可以为文档添加装订线。装订线的位置可根据需要设置在页面左侧或顶端，设置后，系统会在装订线所在的页边距留出额外的装订空间。

2.2.2 利用分栏进行文档排版

默认情况下，文档是以单栏显示的，这样的版式看上去有些单调。用户可尝试对文档进行分栏，让页面版式丰富起来，如图2-24所示。

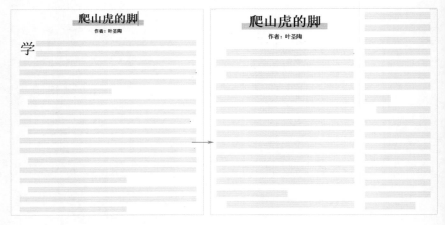

图2-24

将光标放置文档任意处，选择"布局"→"栏"→"偏右"选项，如图2-25所示。在"栏"列表中选择"更多栏"选项，在打开的"栏"对话框中，可以进行分栏的详细设置，如图2-26所示。

图2-25

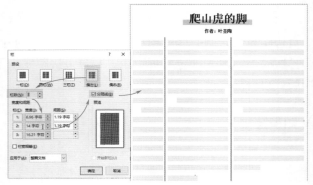

图2-26

（◎◎◎） 知识链接

如要要取消分栏，只需在"栏"列表中选择"一栏"选项即可。

以上介绍的是将整篇文档进行不等宽分栏操作。此外，用户还可利用单栏和多栏的方式进行混合排版，其版式效果也不错，如图2-27所示。

方法很简单：在文档中选择要进行分栏的段落，在"栏"对话框中设置各栏参数值。

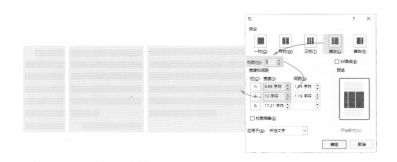

图2-27

单栏和多栏进行混合排版后，系统会在段落的起始和结束位置显示出"分节符（连续）"标记，如图2-28所示。说明当前文档被分成3节，除第2节进行分栏外，其他两节内容将不会发生变化。

图2-28

有时该标记不会显示，用户只需在"开始"选项卡中单击"显示/编辑隐藏标记" 按钮即可将其显示出来。

2.2.3 让文档版式呈现杂志风效果

Word除可对文档进行常规的排版外，还可将其排成其他不同风格版式，例如杂志风版式，如图2-29所示。

❶ 设置页边距及装订线位置

❷ 插入图片，将图片设为"上下型环绕"
❸ 文字首行下沉3行

图2-29

如果图片是竖版，那么可将图片和文字进行左右排版，其版式效果也很不错，如图2-30所示。

❶ 设置页边距位置

❷ 设置"布局"→"左缩进"值为18

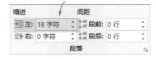

❸ 将图片设为"浮于文字上方"
❹ 设置首字下沉3行

图2-30

2.2.4 多图片排版设计

如果文档中存在多张图片需要排版，而又一时想不出好的版式创意，那么用户就可以使用"图片版式"功能来进行操作。利用该功能可将图片制作出各种风格的版式，如图2-31所示。

图2-31

在文档中先将所有图片设为"浮于文字上方"，全选图片，单击"图片工具-格式"→"图片版式"下拉按钮，根据需要选择版式类型，如图2-32所示。

在"SmartArt工具-设计"选项卡的"更改颜色"列表中可以对当前版式颜色进行调整，单击"[文本]"字样，可为相应的图片添加文字，如图2-33所示。

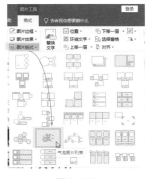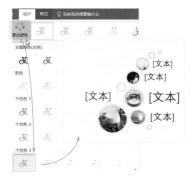

图2-32   图2-33

2.2.5 实现怀旧信纸风效果

在 Word 中使用"稿纸"功能，可以将文档快速转变为各种信纸风格，例如方格纸、行线纸等，如图 2-34 所示。

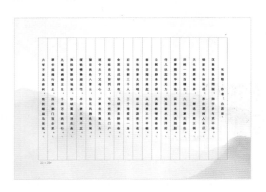

图 2-34

单击"布局"→"稿纸设置"按钮，打开"稿纸设置"对话框，在这里可以对稿纸的格式、稿纸大小、稿纸方向等参数进行设置，如图 2-35 所示。

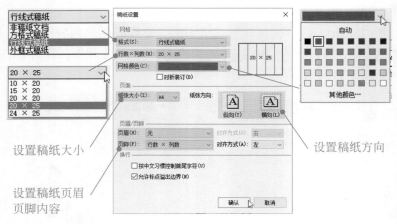

图 2-35

在"格式"列表中选择"非稿纸文档"选项可取消稿纸设计。在操作时需要注意一点，转换成稿纸版式后，其文字的大小将无法调整了。

2.3 合理地利用表格

Word表格除有基本的数据统计功能外，还可对文档内容进行快速排版。本小节将对表格排版功能进行简单介绍。

2.3.1 文本表格互换操作

当需要将文本内容快速转换为表格时，可利用"文本转换成表格"功能来操作，如图2-36所示。

图2-36

选中所需文本，选择"插入"→"表格"→"文本转换成表格"选项，在打开的"将文字转换成表格"对话框中，保持默认设置，单击"确定"按钮，如图2-37所示。

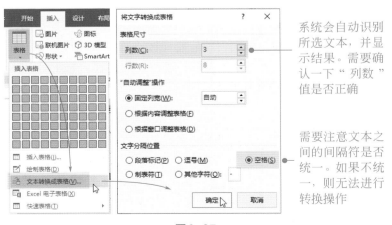

系统会自动识别所选文本，并显示结果。需要确认一下"列数"值是否正确

需要注意文本之间的间隔符是否统一。如果不统一，则无法进行转换操作

图2-37

2.3.2　行、列和标题的快速插入

在表格中插入单行或单列很简单，首先选中所需行或列的相邻行或列，然后使用鼠标右键单击，在弹出的快捷菜单中选择"插入"选项，并在其列表中选择插入的位置。如果要插入多个行或多个列的话，那么该如何批量插入呢？

如图2-38所示的表格中，要在"刘羽丝"上方一次性插入4个空白行，那么只需选择"刘羽丝"及其下3行内容，使用鼠标右键单击，在弹出的快捷菜单中选择"插入"→"在上方插入行"选项即可，如图2-39所示。

图2-38

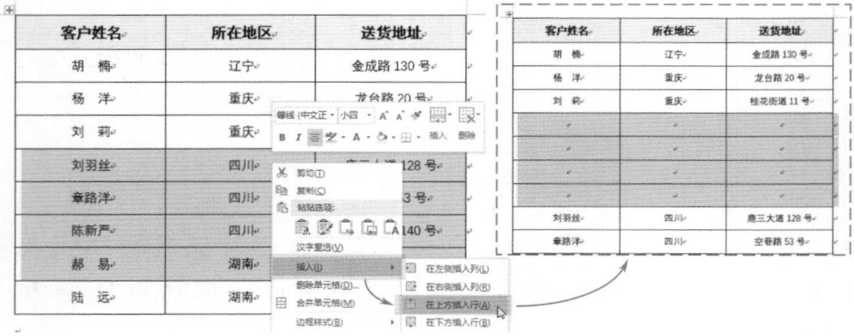

图2-39

创建表格后，如发现表格顶格显示，未留出标题行位置，用户可利用"拆分表格"功能插入标题内容。将光标放置在表格首行末尾处，单击"表格工具-布局"→"拆分表格"按钮，随即在表格上方插入空白行，输入标题，如图2-40所示。

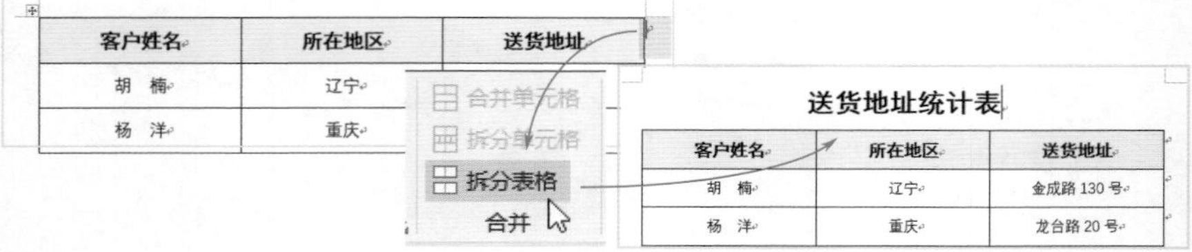

图2-40

2.3.3 快速绘制表头斜线

如果需要在表格中添加表头斜线，如图2-41所示，那么可以通过两种方法来操作。

城南书局图书销售情况

单位：元

季度 类别	第一季度	第二季度	第三季度	第四季度
小说	19000	16000	20000	11000
文学	8600	11000	9000	7000
传记	11000	25000	6000	9000
艺术	6000	9000	14000	5000
少儿	25000	19000	35000	24000
经济	5000	10000	11000	4000

图2-41

（1）利用"边框"功能绘制

选中表格首个单元格，单击"表格工具-设计"→"边框"→"斜下框线"选项，此时被选中的单元格将自动添加斜线。

将文字内容分两行显示，并分别调整一下文字的对齐方式，如图2-42所示。

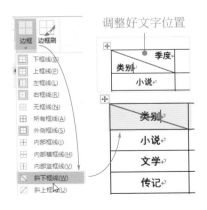

图2-42

（2）利用"绘制表格"功能绘制

选择"插入"→"表格"→"绘制表格"选项，当光标显示为铅笔图标时，在单元格中拖动鼠标，指定两个对角点，也可完成斜线的绘制，如图2-43所示。

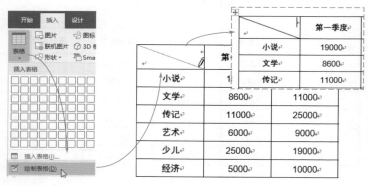

图2-43

2.3.4 利用表格进行快速排版

对于复杂的文档版式，用户可以尝试用表格来进行排版。利用表格排版的优势在于它能够快速对齐页面所有元素，使页面整齐划一，如图2-44所示。

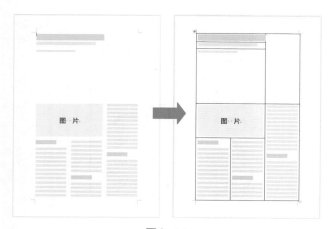

图2-44

下面就以该版式为例，介绍一下表格排版的大致步骤。

首先创建一个5行3列的表格，调整好表格的大小，将其布满页面，如图2-45所示。拖拽表格内框线，调整表格内部结构，制作出大致的版式布局，如图2-46所示。

图2-45　　　　　　　　　　图2-46

然后，根据版式结构对表格中某些单元格进行合并，如图2-47所示。

全选表格，使用鼠标右键单击，在弹出的快捷菜单中选择"表格属性"选项，打开"表格属性"对话框，单击"选项"按钮，打开"表格选项"对话框，取消勾选"自动重调尺寸以适应内容"复选框，可将当前表格定型，如图2-48所示。

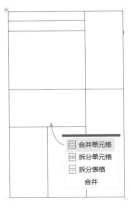

图2-47

图2-48

! 注意事项

默认情况下，当在表格中插入图片后，表格会随图片的大小而变化，原本设计好的框架不复存在，只能重新调整。所以，解决这一问题的方法就是取消勾选"自动重调尺寸以适应内容"复选框。

将文档配图直接拖至相应的单元格中，并根据单元格大小调整好图片，如图2-49所示。

最后，在各单元格中输入相应的内容。全选表格，在"表格工具-设计"→"边框"下拉列表中选择"无框线"选项，隐藏表格框线，如图2-50所示。

图2-49   图2-50

2.3.5 制作干净清爽的三线表

三线表的形式简洁，功能分明，阅读方便，常被应用于各类学术论文中。顾名思义，三线表只有3条线，即顶线、底线和栏目线，如图2-51所示。

检验项目	测定结果	单位	参考范围
1.白细胞计数	6.30	$10^9/L$	4.00-10.0
2.中性粒细胞百分比	62.4	%	50.0-70.0
3.淋巴细胞百分比	33.1	%	20.0-40
4.单核细胞百分比	4.5	%	3.0-10.0
5.中性粒细胞计数	4.10	$10^9/L$	2.00-7.0
6.淋巴细胞计数	2.0	$10^9/$	0.8-4.00
7.单核细胞计数	0.20	$10^9/L$	0.12-0.8
8.红细胞计数	4.33	$10^{12}/L$	4.09-5.74
9.血红蛋白	117	g/L	120-172
10.红细胞压积	34.7	%	38.0-50.8

图2-51

制作方法很简单，先根据需要制作出基本的表格内容，然后全选表格，隐藏表格框线，如图2-52所示。

检验项目	测定结果	单位	参考范围
1.白细胞计数	6.30	10^9/L	4.00-10.0
2.中性粒细胞百分比	62.4	%	50.0-70.0
3.淋巴细胞百分比	33.1	%	20.0-40
4.单核细胞百分比	4.5	%	3.0-10.0
5.中性粒细胞计数	4.10	10^9/L	2.00-7.0
6.淋巴细胞计数	2.0	10^9/L	0.8-4.00
7.单核细胞计数	0.20	10^9/L	0.12-0.8
8.红细胞计数	4.33	10^12/L	4.09-5.74
9.血红蛋白	117	g/L	120-172
10.红细胞压积	34.7	%	38.0-50.8

检验项目	测定结果	单位	参考范围	
1.白细胞计数	6.30	10^9/L	4.00-10.0	
2.中性粒细胞百分比	62.4	%	50.0-70.0	
3.淋巴细胞百分比	33.1	%	20.0-40	
4.单核细胞百分比	4.5	%	3.0-10.0	
5.中性粒细胞计数	4.10	10^9/L	2.00-7.0	
6.淋巴细胞计数	2.0	10^9/L	0.8-4.00	
7.单核细胞计数	0.20	10^9/L	0.12-0.8	
8.红细胞计数	4.33	10^12/L	4.09-5.74	
9.血红蛋白	117	g/L	120-172	
10.红细胞压积	34.7	%	38.0-50.8	

图2-52

选中表头，选择"表格工具-设计"→"笔画粗细"→"1.5磅"选项，设置边框粗细值，单击"边框"下拉按钮，选择"上框线"选项，添加表头上框线，如图2-53所示。选中表格末尾一行，在"边框"列表中，选择"下框线"选项，为表格添加下框线，如图2-54所示。

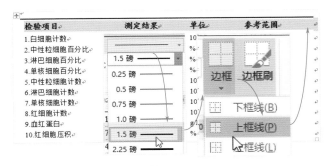

图2-53

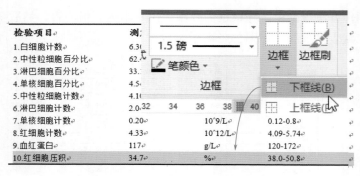

图2-54

再次选择表头，将边框粗细设为1磅，并将其应用至"下框线"中，即可完成三线表的制作。

扫码观看
本章视频

第 3 章
长文档的
自动排版

在日常工作中，对长文档进行编排操作是常有的事。例如，为文档添加页眉和页码，以丰富页面内容；快速提取文档目录，以便查看文档结构；多文档合并，以便统一编排等。本章将介绍一些长文档编辑的技巧，以便提高用户的操作效率。

3.1　水印、页眉、页码的编排术

经常会有人问：怎么添加图片水印；怎么设置不同的页眉内容；如何在文档第 3 页开始加页码……对于这些问题，如果没有掌握一定的要领，还真难以解决。本小节将对这些常见问题的解决方法进行介绍。

3.1.1　在文档中添加水印

文档中的水印有两种：一种是文字水印，如图 3-1 所示；另一种则是图片水印，如图 3-2 所示。用户可以根据实际需求来添加。

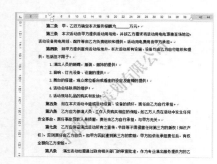

图3-1　　　　　　　　　　　　图3-2

无论添加哪种水印，都可通过"自定义水印"功能来操作。选择"设计"→"水印"→"自定义水印"选项，打开"水印"对话框。在此选择要添加的水印类型，并做出相应的设置，如图 3-3、图 3-4 所示。

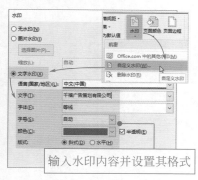

图3-3

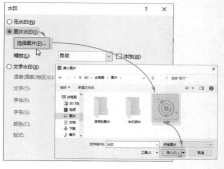

图3-4

在"水印"列表中选择"删除水印"选项，即可清除文档的所有水印。

3.1.2 分页符在文档中的应用

当页面填满内容后，系统会将多余的内容自动安排到下一页显示。如果要将当前页某一段内容另起一页显示的话，就需要用到分页符，如图3-5所示。

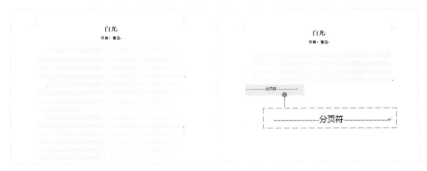

图3-5

将光标放置在要分页的位置，单击"布局"→"分隔符"→"分页符"选项，此时光标后的内容将会安排至下一页显示，如图3-6所示。

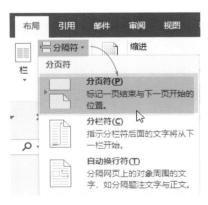

图3-6

分隔符包含"分页符""分栏符"和"自动换行符"3种类型。

"分页符"是将文档按照指定位置强制分页。分页后，系统会在分页处显示"分页符"标记。这就说明在该标记后的内容会移至下一页。

"分栏符"应用于文档分栏。用户对文档进行分栏后，其分栏效果不理想，可使用分栏符重新定义分栏的位置，在分栏处会显示"分栏符"图标，如图3-7所示。

"自动换行符"是指将段落中某一行文本按照指定的位置强制换行。换行后，产生的新行内容仍然是当前段落的一部分，如图3-8所示。

图3-7

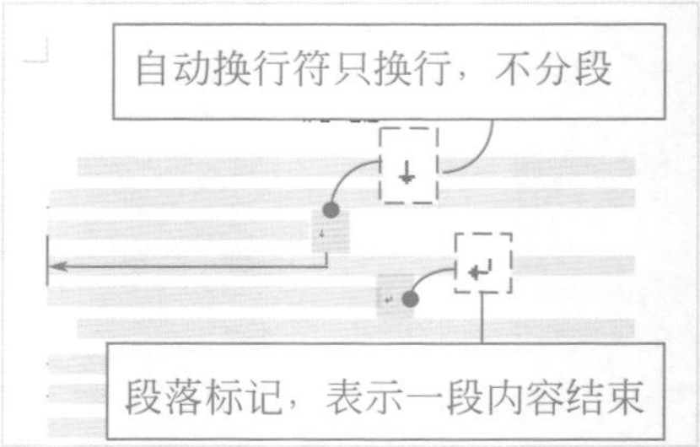

图3-8

3.1.3　分节符在文档中的应用

分节符主要用于文档分节。默认情况下一篇文档为1节，此时所做的一些排版操作都应用于整篇文档，如果只想对某一段落进行单独排版，那么就需要对文档进行分节。分节后，所做的操作应用于当前段落，其他段落均不受影响。

分节符常应用于页眉和页脚的添加以及对部分段落进行分栏等操作中。它分为"下一页""连续""偶数页"和"奇数页"4种类型。在"布局"→"分隔符"→"分节符"列表中选择使用，如图3-9所示。

图3-9

"下一页"是将文档在指定位置处进行分节，所产生的新节内容会从下一页开始，其效果类似于"分页符"。但两者有所区别，"下一页"是将文档既分节，又分页，如图3-10所示；而"分页符"仅对文档进行分页，不分节，如图3-11所示。

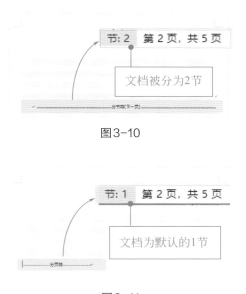

图3-10

图3-11

"连续"是在文档指定位置进行分节，产生的新节内容会另起一行显示。这种情况下，在对第2节内容进行分栏或其他排版操作时，其第1节的内容不受影响，如图3-12所示。

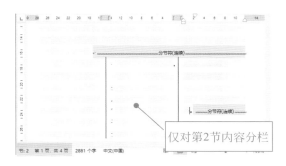

图3-12

偶数页与奇数页用得不多，"偶数页"是将分节后的新一节内容转至下一个偶数页显示，在这两个偶数页之间留出一页来。"奇数页"是将分节后的新一节内容转至下一个奇数页显示，并在两个奇数页之间留出一页。

3.1.4　设置奇偶页不同的页眉内容

通常为文档添加页眉后，系统会将该页眉应用至整篇文档中。而有时会根据要求创建出不同的页眉内容，例如，图3-13所示的奇数页页眉为书名，而偶数页页眉则为当前文章标题。

图3-13

遇到这种情况，用户就需要使用页眉和页脚工具中的"奇偶页不同"功能来操作了。

双击文档第1页页眉区域，将其设为编辑状态。在"页眉和页脚工具-设计"选项卡中勾选"奇偶页不同"复选框，此时当前页页眉左侧会显示出"奇数页页眉"标识，并在该区域中输入书名，如图3-14所示。

图3-14

将光标定位至偶数页页眉区域，选择"页眉和页脚工具-设计"→"文档部件"→"域"选项，打开"域"对话框，在此设置一个标题域，此时，系统会自动引用当前文档的标题，作为偶数页页眉内容，如图3-15所示。

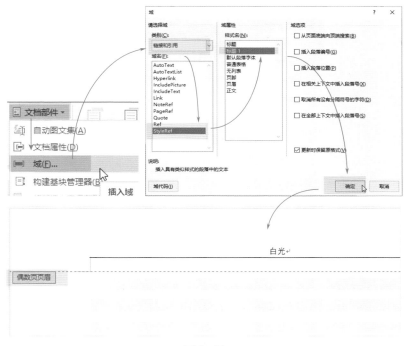

图3-15

单击"关闭页眉和页脚"按钮完成所有操作。此时用户可以看到，凡是奇数页页眉均以书名内容显示，所有偶数页页眉均以当前文档标题显示。

◎ 知识链接

当前文档标题添加了"标题1"样式，在设置标题域时，系统会链接并引用到文档标题中。如果该标题内容发生了变化，该页眉内容也会随之自动更新，不需要手动输入新标题，非常方便。

对于一些学术论文、公司合同或协议类的文档来说，通常会为文档添加一个封面页，而封面页是不需要显示页眉的，这时用户只需在"页眉和页脚工具-设计"选项卡中勾选"首页不同"复选框即可删除首页页眉内容，如图3-16所示。

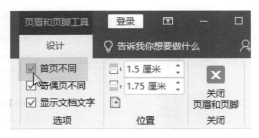

图3-16

3.1.5　秒删页眉横线

当遇到删除页眉内容后，其下方的横线始终无法删除时，用户可以使用以下两种方法来解决。

（1）利用"正文"样式删除

双击页眉区，将其设为编辑状态。选中回车符，在"开始"选项卡的"样式"列表中选择"正文"样式即可删除横线，如图3-17所示。

图3-17

（2）利用设置段落边框线删除

将光标定位至页眉回车符处，在"开始"→"边框"列表中选择"无框线"选项也可以删除横线，如图3-18所示。

图3-18

3.1.6　从指定页开始显示页码

为文档添加页码后，其页码会从文档首页开始显示。而对于长篇文档来说，首页为封面页，第2页为目录页，接下来才是正文页。如果只想从正文页开始显示页码的话（图3-19），就需要结合分节符功能来操作了。

图3-19

首先，将文档分为2节。将光标放置在正文起始处，选择"布局"→"分隔符"→"分节符"→"下一页"选项，将正文内容移至第3页显示，如图3-20所示。

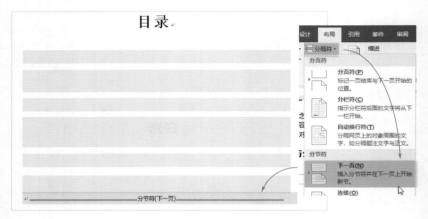

图3-20

其次，添加页码。双击正文页页脚处，将其进入编辑状态。在"页眉和页脚工具-设计"→"页码"→"页面底端"列表中选择一款页码样式，为文档添加页码，如图3-21所示。

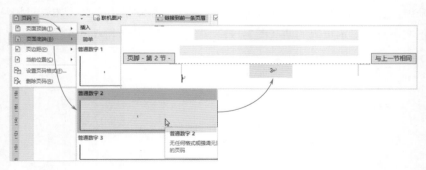

图3-21

最后，删除首页和目录页页码。将光标放置在正文页页码处，在"页眉和页脚工具-设计"选项卡中单击"链接到前一条页眉"按钮，取消与上一页的链接操作，如图3-22所示。按【Delete】键删除目录页页码，此时连同首页页码也会一起删除。

图 3-22

设置页码起始值及格式。将光标放置在正文页页码处，选择"页眉和页脚工具-设计"→"页码"→"设置页码格式"选项，在打开的"页码格式"对话框中设置"起始页码"值，如图 3-23 所示。

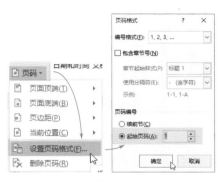

图 3-23

在该页码处输入"第"和"页"二字，更改当前页码的格式，如图 3-24 所示。

图 3-24

3.2　目录的提取与内容的注解

为文档添加目录可以让阅读者对文档结构一目了然。此外，为文档中的某些关键字词添加注解，可以让阅读者快速理解文档内容。本小节将针对这些功能的操作技巧进行介绍。

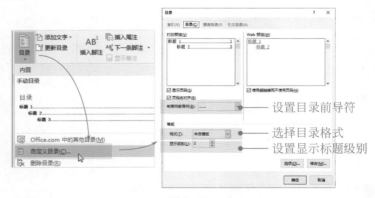

3.2.1 快速提取文档目录

为长文档添加目录是很有必要的。通过目录，用户可以了解整个文档的大致结构，并通过单击目录，直接跳转到相应的信息页，如图3-25所示。

图3-25

在文档中指定目录插入点。选择"引用"→"目录"→"自定义目录"选项，在打开的"目录"对话框中，根据需要设置目录的格式，如图3-26所示。

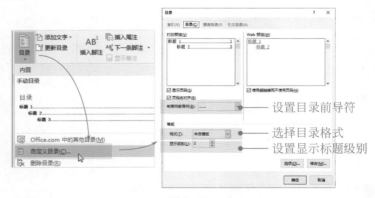

图3-26

3.2.2 目录样式的设定

目录创建好后，用户可以对其样式进行修改，如图3-27所示。

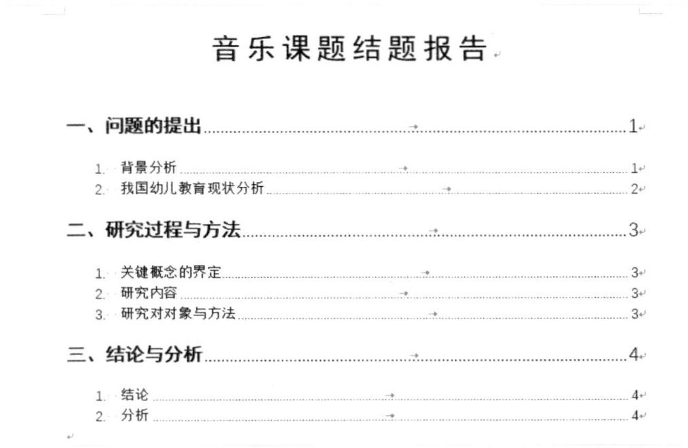

音乐课题结题报告

图3-27

选中目录，选择"目录"→"自定义目录"选项，打开"目录"对话框，单击"修改"按钮，在"样式"对话框中选择要修改的目录标题样式，单击"修改"按钮，在"修改样式"对话框中进行相关设置，如图3-28所示。

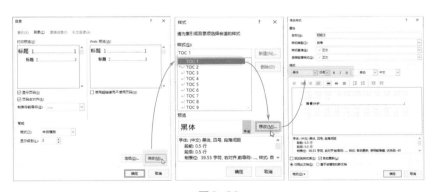

图3-28

设置完成后，依次单击"确定"按钮，在打开的替换提示框中，单击"确定"按钮，即可替换当前目录样式，如图3-29所示。

图3-29

3.2.3　为图片进行编号

当文档中存在大量的图片，并需要对这些图片进行编号时，毋庸置疑，使用"题注"功能是最佳的选择，如图3-30所示。利用"题注"功能可快速对图片进行编号。当要删除部分图片时，用户只需按【F9】键即可自动更新编号。

图3-30

选中图片，单击"引用"→"插入题注"按钮，打开"题注"对话框，新建"图"标签，单击"确定"按钮，被选图片下方会显示"图1"标注信息。

依次选择其他图片，单击"自动插入题注"按钮，在打开的"题注"对话框中，系统会自动按照图片顺序进行编号，如图3-31所示。

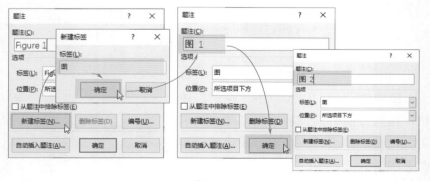

图3-31

添加题注后，用户还可以对该题注的格式进行调整。

3.2.4 添加尾注和脚注

要为文档中的关键字进行注解，可以使用尾注和脚注功能来操作。其中尾注位于整个文档末尾处，而脚注位于当前页面底端，如图3-32所示。

图3-32

选中所需关键字，单击"引用"→"插入尾注"按钮，此时被选中的内容右上方会显示"1"，光标随即跳转至文档末尾处，输入注释内容，如图3-33所示。而添加脚注的操作与尾注相似，单击"引用"→"插入脚注"按钮，即可进行脚注的添加操作，如图3-34所示。

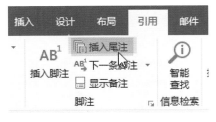

图3-33　　　　　　　　图3-34

将光标移至尾注或脚注插入点，光标附近会显示出相应的注释信息，如图3-35所示。

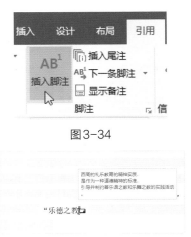

图3-35

如果需要删除尾注或脚注内容，只需将光标放置在相应的标记后，按【Backspace】键删除该标记，如图3-36所示。标记删除后，其相应的注释内容也会一同删除。

图3-36

3.3 批量生成特殊文档

在日常工作中经常要制作一些信函、通知书、奖状、各种产品标签等文档。对于这些特殊的文档，用户可使用邮件合并功能来操作。

3.3.1 制作产品信息标签

通常产品信息包含产品名称、产品规格、产品数量、产品有效期等。下面就来制作食品信息标签卡，如图3-37所示。

散装食品信息	散装食品信息	散装食品信息	散装食品信息
品　名：徐福记小饥孖零食系列	品　名：百草味小零食系列	品　名：康师傅苏打饼干系列	品　名：北京稻香村墨子酥系列
净含量：210g×1袋	净含量：110g×1袋	净含量：500g	净含量：220g
生产日期：2021年9月22日	生产日期：2021年10月20日	生产日期：2021年10月15日	生产日期：2021年9月25日
保质期：12个月	保质期：12个月	保质期：12个月	保质期：12个月
散装食品信息	散装食品信息	散装食品信息	散装食品信息
品　名：盼盼法式小面包	品　名：比比赞豆乳威化饼干	品　名：阿婆家薯片休闲零食系列	品　名：
净含量：155g×6	净含量：252g	净含量：25g×1袋	净含量：
生产日期：2021年10月12日	生产日期：2021年10月1日	生产日期：2021年11月10日	生产日期：
保质期：12个月	保质期：12个月	保质期：270天	保质期：

图3-37

在制作标签卡前，先准备好一份数据表，其中包含品名、净含量、生产日期和保质期这些内容。用户可以使用Word或Excel表格来制作，如图3-38所示。

品名	净含量	生产日期	保质期
徐福记小趴趴零食系列	210g×1 袋	2021 年 9 月 22 日	12 个月
百草味小零食系列	110g×1 袋	2021 年 10 月 20 日	12 个月
康师傅苏打饼干系列	500g	2021 年 10 月 15 日	12 个月
北京稻香村墨子酥系列	220g	2021 年 9 月 25 日	12 个月
盼盼法式小面包	155g×6	2021 年 10 月 12 日	12 个月
比比赞豆乳威化饼干	252g	2021 年 10 月 1 日	12 个月
阿婆家薯片休闲零食系列	25g×1 袋	2021 年 11 月 10 日	270 天

图3-38

选择"邮件"→"开始邮件合并"→"标签"选项，打开"标签选项"对话框，在此新建标签，如图3-39所示。

图3-39

设置好后，文档中会显示出相应的标签结构，输入首个标签内容，并调整好其格式，如图3-40所示。选择"邮件"→"选择收件人"→"使用现有列表"选项，在打开的"选取数据源"对话框中选择创建的数据表，此时在文档中自动创建好了"下一记录"域，如图3-41所示。

图3-40

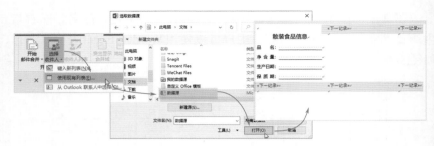

图 3-41

使用"插入合并域"功能，在第 1 个标签中分别插入"品名""净含量""生产日期"和"保质期"域。接下来更新一下标签，系统会自动填充其他标签内容。选择"邮件"→"完成并合并"→"编辑单个文档"选项，进行合并新文档操作，如图 3-42 所示。至此食品信息标签卡制作完毕。

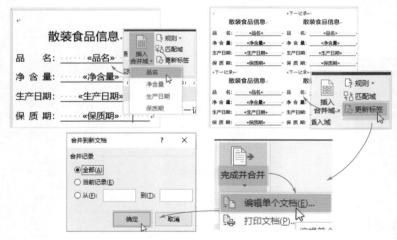

图 3-42

3.3.2 制作录用通知书

通知书是一种以书面形式公示信息的文书，在日常工作中经常会用到。下面将以制作公司录用通知书为例，来介绍具体的操作，如图 3-43 所示。

图3-43

事先准备好录用名单，其内容包含"姓名""性别""岗位"和"薪资"，如图3-44所示。

	A	B	C	D	E	F
1	姓名	性别	岗位	薪资		
2	吴月月	女	平面设计	5000		
3	张佳嘉	女	新媒体运营	4500		
4	陈严	男	网页设计	7000		
5	陈芯冉	女	平面设计	5000		
6	赵鑫	男	新媒体运营	4500		

图3-44

打开录用通知书模板文档，选择"邮件"→"选择收件人"→"使用现有列表"选项，加载Excel表"录用名单"，如图3-45所示。

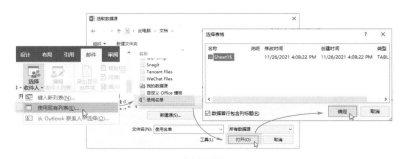

图3-45

将光标放置在姓名处，单击"插入合并域"下拉按钮，加载"姓名"域，并选择"规则☶"→"如果…那么…否则…"选项，在打开的"插入 Word 域：如果"对话框中设置好规则内容，如图3-46所示。

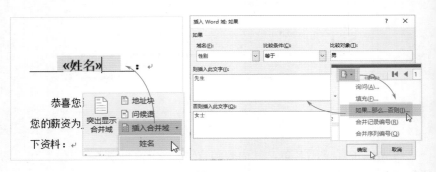

图3-46

调整一下"姓名"域的格式。接下来按照相同的方式，插入"岗位"域和"薪资"域，同时调整好文字格式，如图3-47所示。

图3-47

单击"预览结果"按钮，用户可以预览设置的域内容，如图3-48所示。

确认正确无误后，单击"完成并合并"→"编辑单个文档"按钮进行最后的批量生成操作。

图3-48

3.3.3 制作双面会议桌签

公司开会前需提前确定参会人员名单及座次表，然后利用Word邮件合并功能进行批量制作，如图3-49所示。

图3-49

本例将利用邮件合并向导来完成批量生成操作。新建文档，并创建两行一列表格，调整好表格的大小，并平均分布两行。在表格中插入并复制背景图，调整其大小及色调，将图片进行翻转，如图3-50所示。

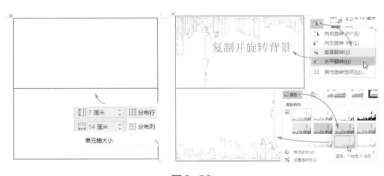

图3-50

利用文本框在表格中添加文字内容，并设置其字体格式，如图3-51所示。

选择"邮件"→"开始邮件合并"→"邮件合并分布向导"选项，打开"邮件合并"向导窗格。依次单击"下一步"按钮，加载准备好的"参会名单"表，如图3-52所示。

图3-51

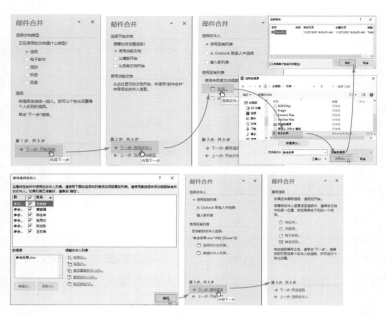

图3-52

　　返回文档，将光标定位至"姓名"文本框处，单击"邮件"→"插入合并域"→"姓名"选项，加载"姓名"域，复制并旋转该域至第2个单元格，如图3-53所示。在"邮件合并"窗格中单击"预览信函"按钮，预览所有姓名域是否正确。单击"完成合并"按钮，完成批量生成操作，如图3-54所示。

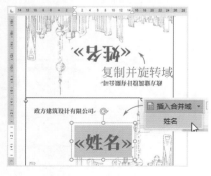

图3-53

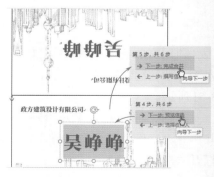

图3-54

3.4　长文档的审核与校对

　　文档的审核与校对功能可以跟踪文档所有的修改，文档作者可以了解整个修改的过程，并根据修改意见，有选择性地接受或拒绝。本节将针对该功能的操作技巧进行介绍。

3.4.1　自动检测错误用词

　　默认情况下，每当打开某文档时，系统会自动对该文档进行一遍检测，并用下划线标识出错误的字词，如图3-55所示。

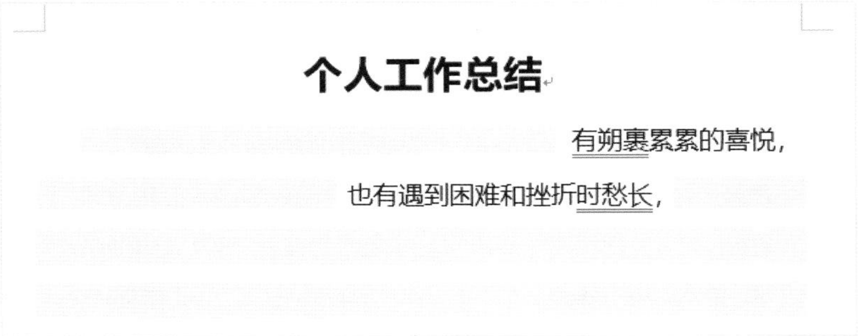

个人工作总结

有朔裹累累的喜悦，

也有遇到困难和挫折时愁长，

图3-55

　　遇到这种情况时，用户需确认一下该字词是否有误，确认后，修改为正确的字词，如图3-56所示。如确认字词正确无误，那么可使用鼠标右键单击该字词，在弹出的快捷菜单中选择"忽略一次"选项，如图3-57所示。

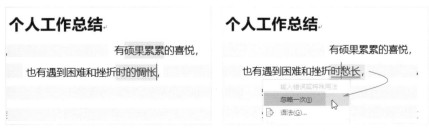

图3-56　　　　　　　　　　　图3-57

知识链接

用户还可利用“校对”窗格来对文档进行拼写检查。单击“审阅”→“拼写和语法”按钮，打开“校对”窗格，系统会逐个列出当前文档所有校对内容，用户可根据需要进行操作。

3.4.2 使用修订功能修改文档

单击“审阅”→“修订”按钮，即可进入文档修订状态。此时，在文档中进行的编辑操作都会以修订模式来显示，如图3-58所示。

个人工作总结
修订线
2021 年就快结束，回首 2021 这一年的工作，有
悦，有与同事协同攻关的艰辛，也有遇到困难和挫折时的惆怅，时光过得飞快，不知不觉中，充满希望的 2021 年就伴随着新年伊始即将临近。可以说总体来说，2021 这一年是公司推进行业改革、拓展市场、持续发展的关键年。下面将对现就本年度的各项重要工作情况进行总结。如下：
添加的内容
删除的内容
所有标记
显示标记
审阅窗格
修订

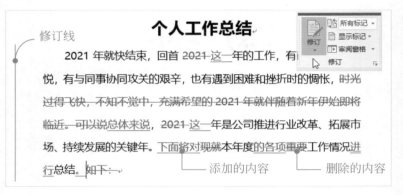

图3-58

启动修订功能后，被修改的内容会以红色突出显示，并且在文档左侧空白处显示出修订线。当该线为灰色状态时，会显示出修订明细。单击该修订线，使其呈红色状态时，则会隐藏修订明细，显示最终结果，如图3-59所示。

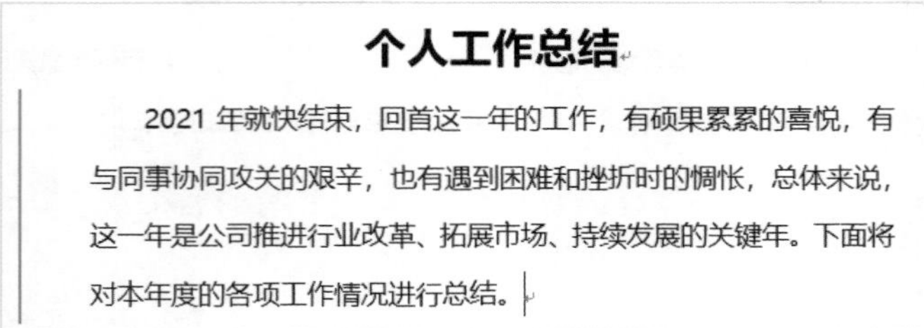

个人工作总结
2021 年就快结束，回首这一年的工作，有硕果累累的喜悦，有与同事协同攻关的艰辛，也有遇到困难和挫折时的惆怅，总体来说，这一年是公司推进行业改革、拓展市场、持续发展的关键年。下面将对本年度的各项工作情况进行总结。

图3-59

在"修订"选项组中有"简单标记""所有标记""无标记"和"原始版本"4个修订模式，其中"简单标记"为默认的显示模式；"所有标记"模式将显示出所有修订明细；"无标记"模式只显示最终结果，如图3-60所示；"原始版本"是以未修订前的状态显示，如图3-61所示。

图3-60

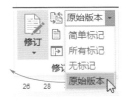

图3-61

修订完成后，文档作者可根据需要接受或拒绝修订内容。在"审阅"→"接受"下拉列表中，可选择逐条接受修订，也可一次性接受所有修订并关闭修订功能，如图3-62所示。

接受修订后，文档会以最终修改结果显示，并恢复至正常文档模式。

如果认为修订不合理，可以拒绝修订。单击"拒绝"下拉按钮，可选择逐条拒绝，或是拒绝全部修订并关闭修订功能，如图3-63所示。

拒绝修订后，文档以原始版本来显示，并退出修订状态。

在操作时，用户可以对默认的修订样式进行自定义操作，例如设置更改线颜色、删除线颜色等。单击"修订"选项组右侧小箭头，打开"修订选项"对话框，单击"高级选项"按钮，在打开的"高级修订选项"对话框中进行设置，如图3-64所示。

图 3-62　　　　　　　　　　　　图 3-63

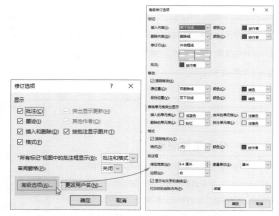

图 3-64

3.4.3　为文档添加批注内容

除以上介绍的修订功能外，还可以使用批注功能来审核文档。当需要对文档某一处进行修改时，可选中该内容，单击"审阅"→"新建批注"按钮，此时在文档右侧会显示批注框，在此框中输入修改意见，如图 3-65 所示。

图 3-65

批注默认为显示状态，有时为了不破坏文档整体效果，可将批注进行隐藏。在"批注"选项组中单击"显示批注"按钮即可隐藏批注，如图3-66所示。

图3-66

文档作者根据批注意见修改后，可使用鼠标右键单击该批注，在弹出的快捷菜单中选择"删除批注"选项将其删除，如图3-67所示。

如果作者有不同意见，可在批注框中单击"答复"按钮，并输入答复内容，如图3-68所示。

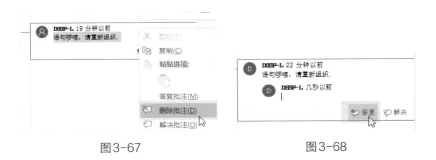

图3-67 　　　　　　图3-68

3.4.4　合并多份修订的文档

当文档经过多人修订后，作者如何将这些文档合并成一份，并统一调整呢？这里就需要使用"合并文档"功能了。

选择"审阅"→"比较"→"合并"选项，打开"合并文档"对话框，单击"原文档"选项下的"文件"按钮，加载第一份修订文件（修订1），如图3-69所示。

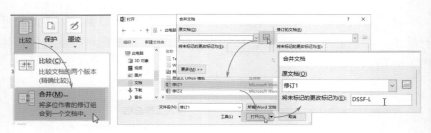

图 3-69

按照同样的方法，在"修订的文档"选项组中加载第二份修订文件（修订2）。依次单击"确定"按钮，系统会新建以"合并的文档"命名的文档，如图3-70所示。

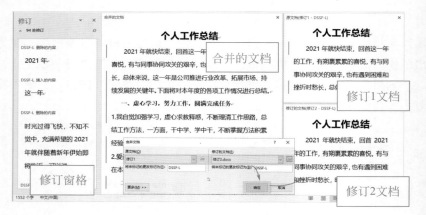

图 3-70

单击"审阅"→"接受"→"接受所有更改并停止修订"按钮，在"合并的文档"中会显示最终修改结果，如图3-71所示。将该文档进行保存，即可完成文档的合并操作。

图 3-71

扫码观看
本章视频

第 4 章

熟悉工作表
的基础操作

工作表的基础操作包含工作表的
复制和移动、工作表内容的查
看、工作表的冻结与拆分、单
元格格式的设置及工作表的打
印等。这些是Excel入门必学
操作。本章将对这些操作进行介
绍，为之后的学习打好基础。

4.1 工作表的基本操作

移动、查看、拆分、隐藏工作表是在日常工作中经常遇到的。如何高效地操作呢？本小节将针对该问题进行讲解。

4.1.1 快速复制和移动工作表

工作表的复制和移动可分为两种：一种是在同一个工作簿内复制和移动；另一种是在不同工作簿间进行复制和移动。

（1）在同一工作簿内操作

在一个工作簿中进行复制或移动操作比较简单，用户可以选中所需工作表标签，将其拖动至目标位置处即可移动该工作表，如图4-1所示；另外，在移动时按【Ctrl】键则可复制工作表，如图4-2所示。

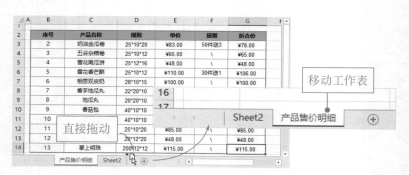

图4-1

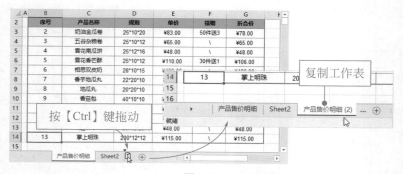

图4-2

（2）在不同工作簿间操作

如果需要将工作表移动或复制到其他工作簿，则需要使用"移动或复制工作表"对话框来操作，如图4-3所示。

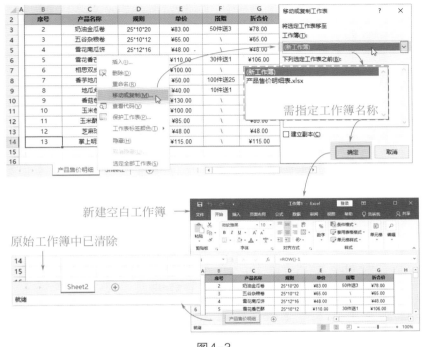

图4-3

如果是想复制工作表，那么只需在"移动或复制工作表"对话框中勾选"建立副本"复选框，即可将被选中的工作表原封不动地复制到指定工作簿中，如图4-4所示。

(◎) 知识链接

当在同一个工作簿中存在很多工作表，而部分工作表标签无法显示时，用户就可以借助"移动或复制工作表"对话框来进行复制或移动操作。方法很简单，打开"移动或复制工作表"对话框，在"下列选定工作表之前"列表中选择指定的工作表名称，点击"确定"即可，如图4-5所示。

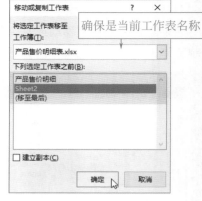

图4-4　　　　　　　　　　　　　图4-5

4.1.2　隐藏指定的工作表内容

如果工作表内容比较私密，不想让他人查看，那么可以将该工作表进行隐藏，如图4-6所示。

图4-6

使用鼠标右键单击要隐藏的工作表标签，在弹出的快捷菜单中选择"隐藏"选项，如图4-7所示。如果想要取消隐藏的话，可使用鼠标右键单击任意工作表标签，在弹出的快捷菜单中选择"取消隐藏"选项，在打开的"取消隐藏"对话框中选择所需工作表的名称以显示该工作表，如图4-8所示。

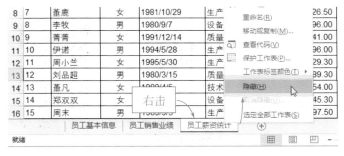

图4-7

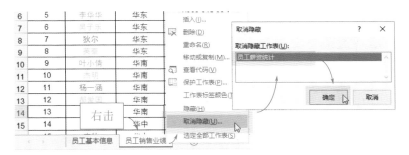

图4-8

4.1.3 并排比较两张工作表内容

在日常工作中，经常需要同时比较两张工作表的内容，如果反复切换窗口来查看，会造成一些不必要的麻烦。那么遇到这种情况时，用户使用"并排查看"功能较为稳妥，如图4-9所示。

图4-9

（1）不同工作簿并排查看

如果需要对不同工作簿的内容进行比较，需同时打开这两个工作簿。在其中一个工作簿中单击"视图"→"并排查看"按钮，此时两个工作簿窗口会水平并排显示，如图4-10所示。

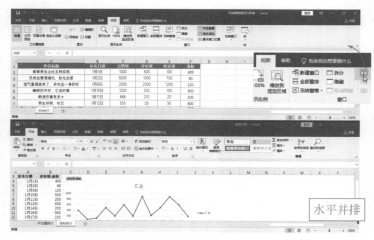

图4-10

此时，滚动鼠标中键上、下浏览数据，两张表格也会随之同步滚动。

水平并排是默认的窗口放置模式，如果表格是竖向显示，水平并排放置明显不合适。用户可单击"全部重排"按钮，在打开的"重排窗口"对话框中选择"垂直并排"选项，此时两个窗口将会垂直并列摆放，如图4-11所示。

当桌面开启了多个工作簿，那么在进行"并排查看"操作时，系统会询问需要并排查看哪一个工作簿，选择其中一个，如图4-12所示。

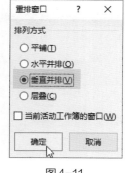

图4-11

图4-12

（2）同一工作簿并排查看

如果要在一个工作簿中进行工作表的并排查看，可先单击"视图"→"新建窗口"按钮新建Excel窗口，并调出所要并排查看的工作表，然后再进行"并排查看"操作，如图4-13所示。

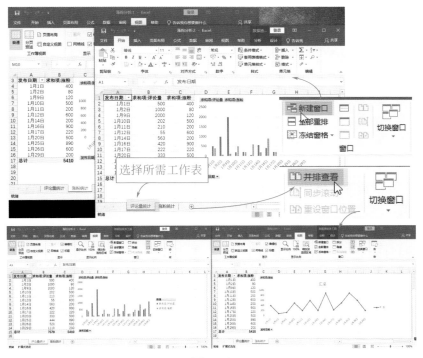

图4-13

4.1.4 对工作表进行冻结和拆分

对一些结构较为复杂、内容较多的表格，为了能快速查看到各类数据信息，可为表格设置冻结或拆分操作。

冻结功能可分为3种，分别为冻结窗格、冻结首行、冻结首列。

- 冻结窗格：滚动工作表时，保持行和列可见。
- 冻结首行：滚动工作表时，保持首行可见。
- 冻结首列：滚动工作表时，保持首列可见。

将光标定位至首行任意单元格，选择"视图"→"冻结窗格"→"冻结首行"选项，此时表格首行被锁定，向下查看数据时，首行会始终显示，如图4-14所示。

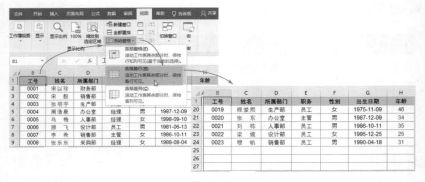

图4-14

要取消冻结操作，可在"冻结窗格"列表中选择"取消冻结窗格"选项。

拆分工作表是将现有窗口拆分为多个大小可调的窗口，用户可以同时查看工作表各区域的数据。指定表格任意单元格，选择"视图"→"拆分"按钮，如图4-15所示。

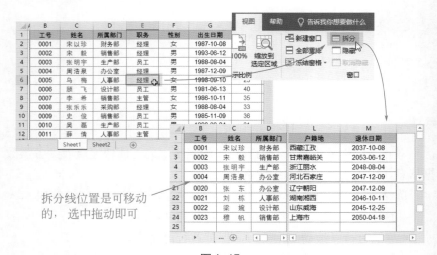

拆分线位置是可移动的，选中拖动即可

图4-15

4.1.5　对工作表内容添加保护措施

对工作表添加保护措施可以有效防止他人浏览或更改表格内容。下面介绍几种常用的保护操作。

（1）为工作簿加密

如果工作表内容涉及公司或个人隐私，那么就需要为其设置加密保护，只有知道密码的人才能够查看其内容，如图4-16所示。

图4-16

打开所需工作簿，选择"文件"→"信息"→"保护工作簿"→"用密码进行加密"选项，在打开的"加密文档"对话框中设置密码，如图4-17所示。

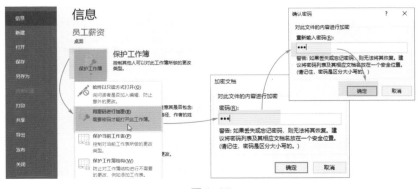

图4-17

（2）禁止修改工作表内容

利用"保护工作表"功能可以限制其他人更改表格内容，工作表可以打开浏览，但不可修改，如图4-18所示。

图4-18

选择"审阅"→"保护工作表"按钮，在打开的"保护工作表"对话框中进行设置，如图4-19所示。

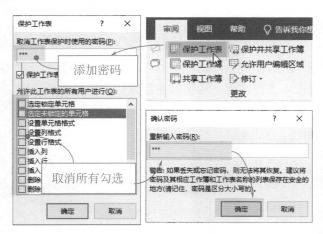

图4-19

（3）指定可修改区域

还有一种情况，就是表格内容可查看，也可修改，但只能在指定区域内修改。

在工作表中选中可编辑的区域，例如本例中的I列数据，那么需要通过"允许用户编辑区域"功能来实现，如图4-20所示。

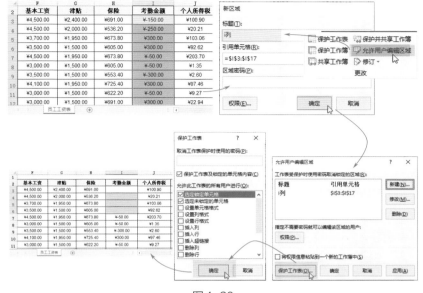

图4-20

4.2 单元格格式的调整

一张工作表是由不计其数的单元格组成的，而单元格的组合形成了表格的行和列，所以了解单元格的设置操作也是创建合格的工作表的基础。本小节对单元格基本操作进行介绍。

4.2.1 插入多行和多列

在工作表中插入单行或单列的操作很简单，使用鼠标右键单击所需的行，在弹出的快捷菜单中选择"插入"选项，即可在该行上方插入空白行，如图4-21所示。如要插入列，使用鼠标右键单击所需列，在弹出的快捷菜单中选择"插入"选项，即可在当前列的左侧插入空白列。

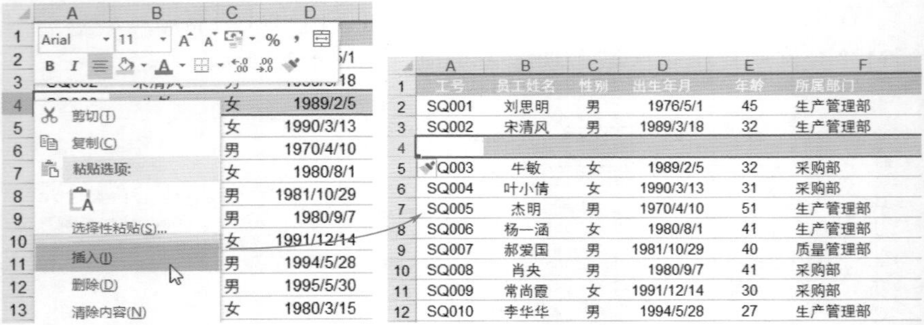

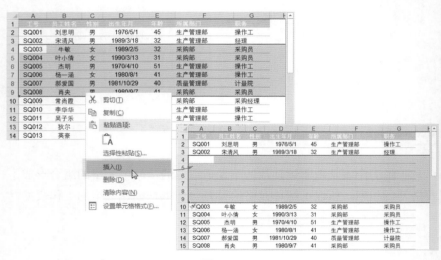

图4-21

那么要在表格中一次性插入多行，只需先选中相应的行数，例如要批量插入6行，则先选择相邻的6行，然后使用鼠标右键单击，在弹出的快捷菜单中选择"插入"选项，即可在其上方插入6个空白行，如图4-22所示。插入多列的方法相似。

图4-22

4.2.2 精准调整行高和列宽

在表格中想要调整行高或列宽，只需拖动相应的行或列分隔线即可，如图4-23所示。

	A	B	C	D	E
1	工号	员工姓名	性别	出生年月	年龄
2	SQ001	刘思明	男	1976/5/1	45
3	SQ002	宋清风	男	1989/3/18	32
4	SQ003 高度: 31.50 (42 像素)	牛敏	女	1989/2/5	32
	SQ004	叶小倩	女	1990/3/13	31
5	SQ005	杰明	男	1970/4/10	51
6	SQ006	杨一涵	男	1980/8/1	41
7	SQ007	郝爱国	男	1981/10/29	40
8	SQ008	肖央	男	1980/9/7	41
9	SQ009	常尚霞	女	1991/12/14	30

	A	B	C	D	E
1	工号	员工姓名	性别	出生年月	年龄
2	SQ001	刘思明	男	1976/5/1	45
3	SQ002	宋清风	男	1989/3/18	32
4	SQ003	牛敏	女	1989/2/5	32
5	SQ004	叶小倩	女	1990/3/13	31
6	SQ005	杰明	男	1970/4/10	51
7	SQ006	杨一涵	女	1980/8/1	41
8	SQ007	郝爱国	男	1981/10/29	40
9	SQ008	肖央	男	1980/9/7	41

图 4-23

此外，用户可以对行高和列宽进行精确调整。选中所需的行或列，选择"开始"→"格式"→"行高"或"列宽"选项即可设置，如图 4-24 所示。

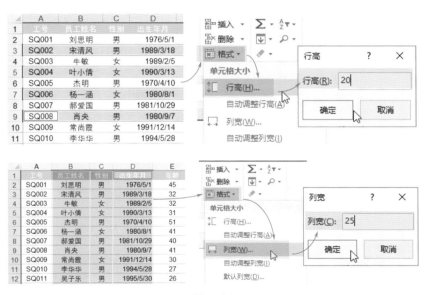

图 4-24

(○○○) 知识链接

使用鼠标右键单击行号或列标，在弹出的快捷菜单中选择"行高"或"列宽"选项，也可精确调整其参数值。

4.2.3 隐藏所需的行与列

如果不希望他人查看表格中某一行或某一列中的数据，则可以将其隐藏起来，如图4-25所示。

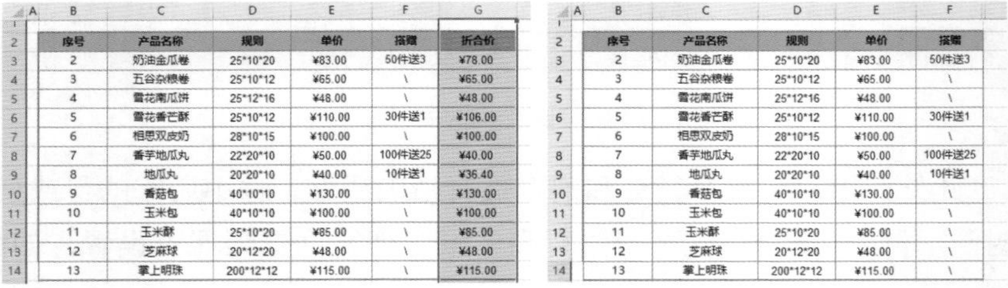

序号	产品名称	规则	单价	搭赠	折合价
2	奶油金瓜卷	25*10*20	¥83.00	50件送3	¥78.00
3	五谷杂粮卷	25*10*12	¥65.00	\	¥65.00
4	雪花南瓜饼	25*12*16	¥48.00	\	¥48.00
5	雪花香芒酥	25*10*12	¥110.00	30件送1	¥106.00
6	相思双皮奶	28*10*15	¥100.00	\	¥100.00
7	香芋地瓜丸	22*20*10	¥50.00	100件送25	¥40.00
8	地瓜丸	20*20*10	¥40.00	10件送1	¥36.40
9	香菇包	40*10*10	¥130.00	\	¥130.00
10	玉米包	40*10*10	¥100.00	\	¥100.00
11	玉米酥	25*10*20	¥85.00	\	¥85.00
12	芝麻球	20*12*20	¥48.00	\	¥48.00
13	掌上明珠	200*12*12	¥115.00	\	¥115.00

序号	产品名称	规则	单价	搭赠
2	奶油金瓜卷	25*10*20	¥83.00	50件送3
3	五谷杂粮卷	25*10*12	¥65.00	\
4	雪花南瓜饼	25*12*16	¥48.00	\
5	雪花香芒酥	25*10*12	¥110.00	30件送1
6	相思双皮奶	28*10*15	¥100.00	\
7	香芋地瓜丸	22*20*10	¥50.00	100件送25
8	地瓜丸	20*20*10	¥40.00	10件送1
9	香菇包	40*10*10	¥130.00	\
10	玉米包	40*10*10	¥100.00	\
11	玉米酥	25*10*20	¥85.00	\
12	芝麻球	20*12*20	¥48.00	\
13	掌上明珠	200*12*12	¥115.00	\

图4-25

使用鼠标右键单击所需的行号或列标，在弹出的快捷菜单中选择“隐藏”选项，即可隐藏所选的行或列，如图4-26所示。

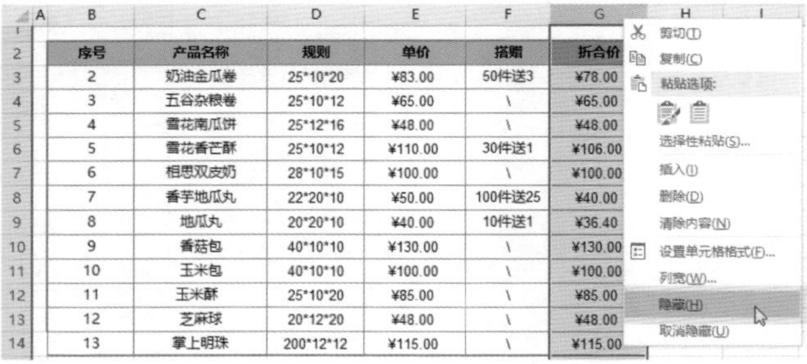

图4-26

如果想要取消隐藏，则单击“◢”图标全选表格，使用鼠标右键单击任意行号或列标，在弹出的快捷菜单中选择“取消隐藏”选项，即可显示出所有隐藏的行和列，如图4-27所示。

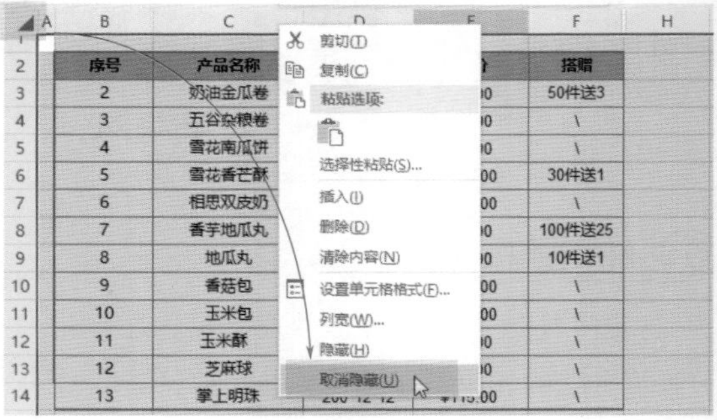

图4-27

4.2.4 快速删除所有空白行

表格中存有多余的空行，势必会影响后期的数据分析。如果存在大量的空白行，手动删除肯定不合适。遇到这种情况，用户可结合排序或筛选两种功能进行批量删除，如图4-28所示。

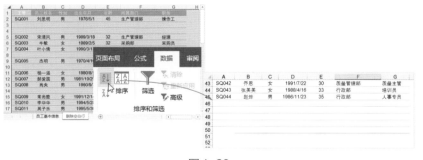

图4-28

（1）使用排序删除

全选表格，单击"数据"→"排序"→"升序"按钮，此时所有空白行已集中显示在表格底部，全选空白行将其删除，如图4-29所示。

图4-29

（2）使用筛选删除

全选表格，单击"数据"→"筛选"按钮，在每个列标处会添加一个筛选器，单击任意筛选器，在列表中仅勾选"空白"复选框，即可筛选出所有空白行，选中并删除，如图4-30所示。

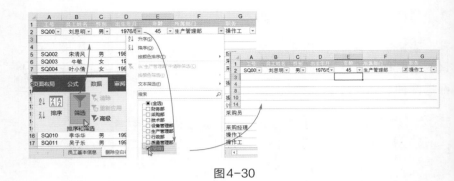

图4-30

4.2.5 设置单元格基本格式

单元格格式包含字体格式、文字对齐方式、边框和底纹样式等，用户可在"字体""对齐方式"选项组中进行设置，也可以通过"设置单元格格式"对话框进行操作，如图4-31所示。

图4-31

（1）设置字体格式

选择所需单元格，按【Ctrl+1】组合键，在"设置单元格格式"对话框的"字体"选项卡中进行设置，如图4-32所示。

（2）设置文本对齐方式

选择所需单元格，在"开始"→"对齐方式"选项组中单击"垂直居中"和"居中"按钮，可将文字居中对齐，如图4-33所示。

图4-32

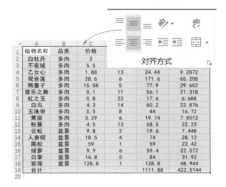

图4-33

（3）设置自动换行

当单元格中的内容不能完全显示时，通常会增加列宽来调整显示状态。如果某些特殊的表格的列宽是固定的，那么用户可以通过换行方式来全部显示，如图4-34所示。

图4-34

选择所需单元格，在"对齐方式"选项组中选择"自动换行"按钮，如图4-35所示。

自动换行的长度是根据单元格列宽而定。如单元格的列宽有所改变，其换行后文本会自动调整。

图4-35

（4）设置单元格边框和底纹

默认情况下，单元格是不显示边框的。为了方便数据的查看，需对边框或底纹进行一些必要的设置，如图4-36所示。

植物名称	品类	价格	数量	金额	利润
白牡丹	多肉	2	18	36	13.68
不夜城	多肉	5.5	22	121	45.98
乙女心	多肉	1.88	13	24.44	9.2872
观音莲	多肉	28.6	6	171.6	65.208
熊童子	多肉	15.58	5	77.9	29.602
雅乐之舞	多肉	5.1	11	56.1	21.318
虹之玉	多肉	0.8	22	17.6	6.688
白鸟	多肉	4.3	14	60.2	22.876
玉珠帘	多肉	5.5	8	44	16.72
黄丽	多肉	3.29	6	19.74	7.5012
粉景	多肉	4.5	13	58.5	22.23
云松	盆景	9.8	2	19.6	7.448
人参榕	盆景	18.5	4	74	28.12
黑松	盆景	59	1	59	22.42
绿萝	盆景	9.9	6	59.4	22.572
白掌	盆景	16.8	5	84	31.92
紫薇	盆景	128.8	1	128.8	48.944
合计				1111.88	422.5144

图4-36

方法很简单，按【Ctrl+1】组合键，在"设置单元格格式"对话框的"边框"选项卡中，先设置边框的线型和颜色，然后再选择所需应用的边框线，如图4-37所示。此外，选择所需单元格，在"设置单元格格式"对话框"填充"选项卡中，选择背景色和图案，为单元格添加底纹，如图4-38所示。

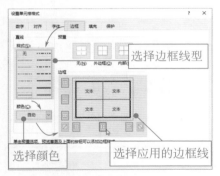

图4-37

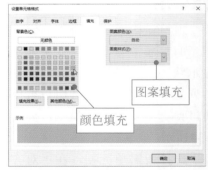

图4-38

4.3 工作表的打印操作

很多人认为打印工作表很简单，只需单击"打印"按钮就能实现快速打印。但殊不知，工作表的打印有很多窍门，如不了解，估计很难打印出符合要求的表格内容。本节介绍一些报表打印的技巧，希望能帮助大家。

4.3.1　设置工作表页面布局

工作表页面布局包含纸张的大小和方向、页边距、页眉和页脚几个方面。

（1）调整纸张大小和方向

在打印文件之前，先要确定打印纸张的大小和打印的方向。Excel默认纸张大小为A4，打印方向为纵向。例如，创建的表格为横向的，那么就需要将纸张设为横向打印，如图4-39所示。

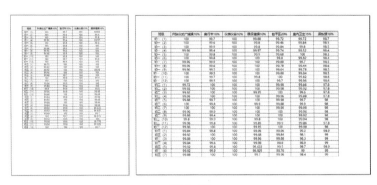

图4-39

选择"文件"→"打印"→"设置"→"横向"选项，即可调整打印方向，如图4-40所示。在"设置"→"A4"列表中可设置纸张大小，如图4-41所示。

图4-40

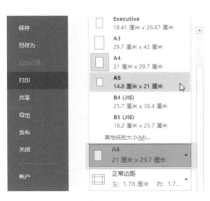

图4-41

（2）调整页边距

Excel 页边距与 Word 的页边距相同，是指表格内容与纸张边缘的距离值，同样也分为上、下、左、右 4 个方向。默认上、下两个边距值为 1.9 厘米；左、右两个边距值为 1.8 厘米。如需对其参数进行设置，可在"打印"界面中单击"正常边距"按钮，在其列表中选择合适的边距值，或自定义设置页边距，如图 4-42 所示。

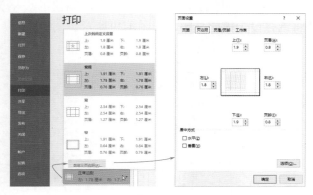

图 4-42

（3）添加页眉和页脚

如要在表格中显示一些特殊的信息，例如文档名称、页码等，均可在页眉或页脚处体现出来。在"页面设置"对话框中即可设置，如图 4-43 所示。

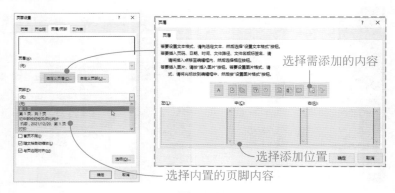

图 4-43

4.3.2　表格的缩放打印

在进行打印预览时，发现表格有部分内容显示在第2或第3页中，不能完全显示在一页中，如图4-44所示。

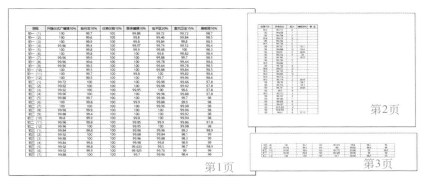

图4-44

遇到以上情况，就需要对表格内容进行缩放打印了。在"打印"界面中将"无缩放"选项改为"将工作表调整为一页"选项，如图4-45所示。

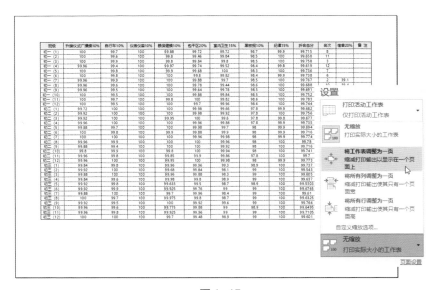

图4-45

4.3.3 分页打印表格内容

在表格数据比较复杂的情况下，如果将内容分门别类进行打印，可以提升表格的阅读性。例如，原表格内容是所有年级都显示在一页中，现需将表格按照初一、初二和初三三个年级分开打印，如图4-46所示。

班级	升旗仪式广播操10%	自行车10%	仪表仪容10%	眼保健操10%	包干区20%	室内卫生15%	黑板报10%	纪律15%	折合总分	名次	宿舍20%	备 注
初一（1）	100	99.7	100	99.88	99.72	99.72	98.7	99.9	99.715	8		
初一（2）	100	99.6	100	99.8	99.46	99.84	98.5	100	99.658	11		
初一（3）	100	99.9	100	99.8	99.84	99.8	98.5	100	99.758	3		
初一（4）	99.96	99.4	100	99.97	99.74	99.52	98.4	99.8	99.619	12		
初一（5）	100	99.8	100	99.9	99.68	100	98.3	100	99.736	7		
初一（6）	100	99.8	100	100	99.8	99.82	98.4	99.9	99.738	6		
初一（7）	99.96	99.9	100	100	99.88	99.7	98.5	100	99.767	2	39.1	
初一（8）	99.96	99.6	100	100	99.78	99.44	98.6	100	99.688	10	39.4	
初一（9）	99.96	99.5	100	100	99.64	99.78	98.5	100	99.691	9	38.95	
初一（10）	100	99.5	100	100	99.88	99.84	98.5	100	99.752	4	39	
初一（11）	100	99.7	100	99.8	100	99.82	98.6	100	99.783	1	38.75	
初一（12）	100	99.5	100	100	99.7	99.96	98.6	100	99.744	5		

班级	升旗仪式广播操10%	自行车10%	仪表仪容10%	眼保健操10%	包干区20%	室内卫生15%	黑板报10%	纪律15%	折合总分	名次	宿舍20%	备 注
初二（1）	99.72	100	100	100	99.98	99.66	97.8	99.9	99.682	11		
初二（2）	99.92	100	100	100	99.98	99.92	97.8	100	99.756	4		
初二（3）	99.92	100	100	99.95	100	99.6	97.8	99.8	99.677	12		
初二（4）	99.96	100	100	100	99.96	99.88	97.8	99.9	99.735	6		
初二（5）	99.88	99.7	100	100	99.98	99.7	98	99.9	99.694	10		
初二（6）	100	99.8	100	99.9	99.88	99.9	98	99.9	99.716	7		
初二（7）	100	100	100	100	99.96	99.98	98	99.9	99.774	2	38.55	
初二（8）	99.96	99.9	100	100	100	99.96	98	100	99.78	1	38.7	
初二（9）	99.88	99.4	100	100	100	99.92	98	100	99.716	7	38.7	
初二（10）	99.8	99.9	100	99.8	100	99.94	98	100	99.741	5	38.65	
初二（11）	99.96	99.8	100	99.85	99.9	99.86	97.8	100	99.7	9		
初二（12）	99.96	100	100	99.95	100	99.98	98	99.9	99.773	3		

班级	升旗仪式广播操10%	自行车10%	仪表仪容10%	眼保健操10%	包干区20%	室内卫生15%	黑板报10%	纪律15%	折合总分	名次	宿舍20%	备 注
初三（1）	99.84	99.8	100	99.96	99.96	99.3	98.9	100	99.737	2		
初三（2）	99.92	100	100	99.68	99.84	98.1	99	100	99.543	11		
初三（3）	99.88	100	100	99.96	99.88	98.3	99	100	99.605	9		
初三（4）	99.84	99.6	100	99.98	99.8	98.9	99	100	99.637	6		
初三（5）	99.92	99.8	100	99.633	99.5	98.7	98.9	100	99.5303	12		
初三（6）	99.92	99.9	100	99.925	99.76	99	99	100	99.6765	4		
初三（7）	99.88	100	100	99.7	99.96	98.4	99	100	99.61	8	37.15	
初三（8）	100	99.7	100	99.975	99.8	98.7	99	100	99.6325	7		
初三（9）	99.92	99.5	100	100	99.92	99.6	99	100	99.766	1	38.5	
初三（10）	99.96	99.6	100	99.775	99.88	99	98.9	100	99.6495	5	36.4	
初三（11）	99.96	99.8	100	99.925	99.96	99	99	100	99.7105	3		
初三（12）	100	100	100	99.7	99.48	98.9	99	100	99.601	10		

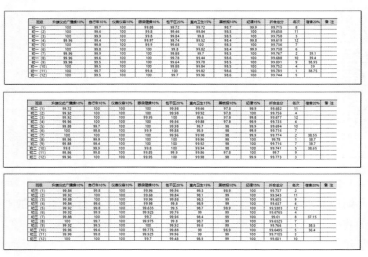

图4-46

操作很简单，用户只需在要分页的位置插入分页符就可以了。例如，“初一”是第3～14行，那么就选定第15行首个单元格，选择“页面布局”→“分隔符”→“插入分页符”选项，此时会在第14行下方插入分页符（实线显示），如图4-47所示。打开打印预览，会发现第15行内容已安排至第2页显示了。

图4-47

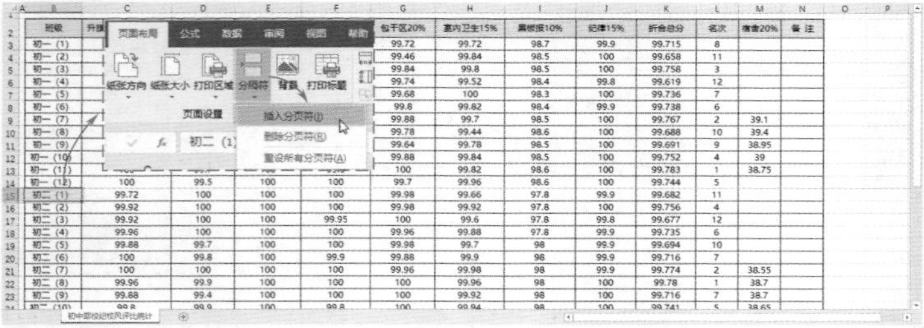

4.3.4 打印指定表格内容

默认情况下，Excel会打印出表格所有内容，如果用户只需打印表格中指定的数据范围，则需调整一下打印区域。例如，只打印出B2:F14单元格区域的数据内容，如图4-48所示。

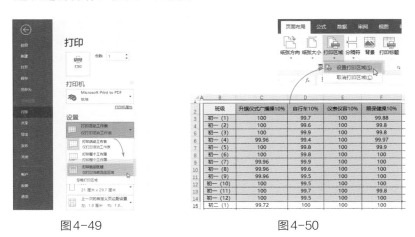

图4-48

在表格中选择B2:F14单元格区域，在"打印"界面中将"打印活动工作表"选项改为"打印选定区域"选项，如图4-49所示。

此外，用户还可以选择"页面布局"→"打印区域"→"设置打印区域"选项进行操作，如图4-50所示。

图4-49　　　　　　　　　　　　图4-50

在"打印区域"列表中选择"取消打印区域"选项即可取消指定区域的打印。

4.3.5　批量打印设置诀窍

在实际工作中批量打印表格是会经常遇到的，例如需要在一个工作簿中批量打印多个工作表的内容、批量打印多个工作簿、批量打印员工薪资条等。下面将对这些批量打印技巧进行介绍。

（1）批量打印多个工作表

在同一个工作簿中需要批量打印多张工作表内容，那么用户只需使用【Ctrl】键或【Shift】键选中要打印的工作表，再执行"打印"命令即可，如图4-51所示。

图4-51

（2）批量打印多个工作簿

如果需要打印的工作表在不同工作簿中，那么用户只需选中所需工作簿名称，使用鼠标右键单击，在弹出的快捷菜单中选择"打印"选项即可，如图4-52所示。

图4-52

! 注意事项

利用这种方式打印出来的工作表是每个工作簿中最后一次保存的活动工作表，而不是整个工作簿。

（3）批量打印薪资条

薪资条的打印也是工作中很常见的操作。在打印前用户可以通过 VLOOKUP 函数制作好薪资条，如图4-53所示，然后再进行打印。

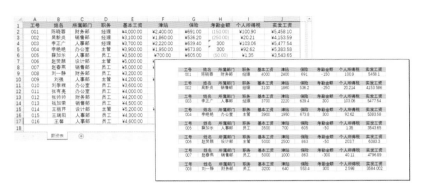

图4-53

新建空白工作表，并命名为"薪资条"。复制"薪资表"中的 A1:J1 单元格区域至"薪资条"工作表相应的位置。选中 A2 单元格，输入"1"，按【Ctrl+1】组合键打开"设置单元格格式"对话框，设置数字类型，将其变为"001"，如图4-54所示。

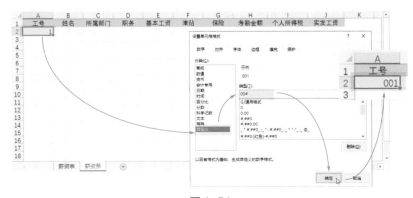

图4-54

选中B2单元格，输入公式，并将其向右填充至J2单元格，如图4-55所示。

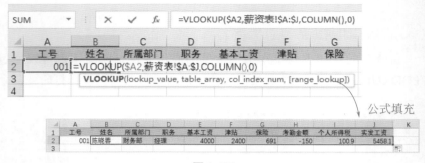

图4-55

接下来，选中A1:J3单元格区域，并选择右侧填充手柄，向下填充至J47单元格，如图4-56所示。

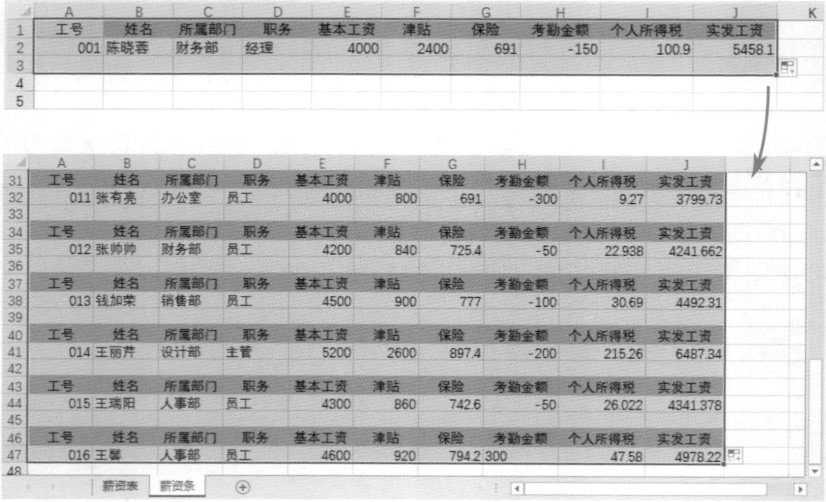

图4-56

调整好表格中文本的对齐方式及表格边框。按【Ctrl+P】组合键进入"打印"界面，并设置好打印的基本参数，例如打印方向、对齐方式等，单击"打印"按钮即可打印，如图4-57所示。

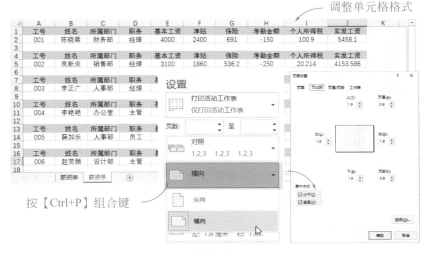

调整单元格格式

按【Ctrl+P】组合键

图4-57

🎬 **知识链接**

如果需要进行黑白打印，可在"页面设置"对话框的"工作表"选项卡中勾选"单色打印"复选框。

4.3.6　其他打印的技巧

除以上打印方法外，还有很多实用的打印技巧，例如打印网格线、在打印时屏蔽错误值、标题行内容重复打印等。

（1）打印网格线

默认情况下，表格网格线是不被打印出来的。如果需要打印出网格线，可在"页面设置"对话框的"工作表"选项卡中勾选"网格线"复选框，如图4-58所示。

（2）屏蔽错误值

表格中出现错误值，而这些错误值可以忽略不计的话，那么用户在打印时，可以屏蔽掉这些错误值，不让其显示，如图4-59所示。

图 4-58　　　　　　　　　　　　　图 4-59

（3）重复打印标题行

对于数据较多的表格，为了方便数据的查看，可以在每页开始处显示标题行。单击"页面布局"→"打印标题"按钮，在打开的"页面设置"对话框中单击"顶端标题行"右侧按钮，加载标题行，返回"页面设置"对话框，单击"打印"按钮，如图4-60所示。

图 4-60

扫码观看
本章视频

第 **5** 章

规范输入数据
很重要

输入数据看似简单，如果不懂得
其中的一些操作要领和诀窍，势
必会对后期的数据处理造成很大
的影响，所以数据输入是数据处
理的基础，只有规范合理地输
入，才能准确轻松地处理。

5.1　快速输入各类数据

Excel 中的数据类型包括文本型、数值型、自定义数字格式等。这些类型的数据在输入时，各有各的方法。在掌握这些输入方法后，就会降低出错率，提升工作效率。

5.1.1　输入文本型数据

文本型数据包括汉字、英文字母、符号、空格等。无论单元格中显示什么内容，只要其中一个字符是文本，那么整个单元格都视为文本型数据，如图 5-1 所示。

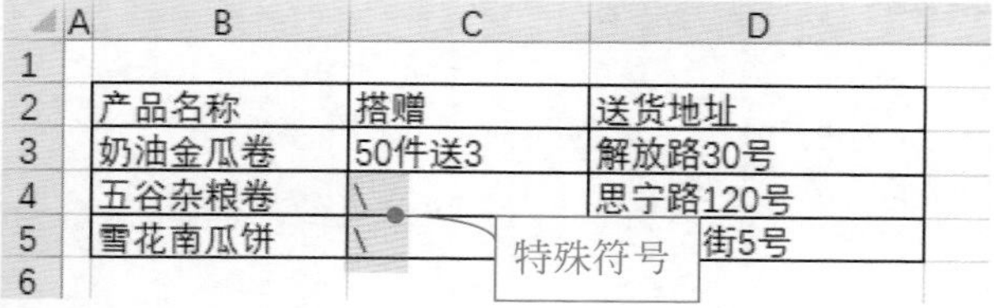

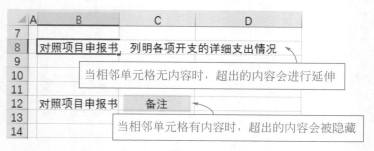

图 5-1

文本型数据具有两个特性：①自动沿单元格左对齐；②当文本内容超出单元格宽度时，超出的内容会自动延伸到相邻单元格中，如图 5-2 所示。

图 5-2

还有一种特殊的文本型数据，那就是以文本形式显示的数字，例如各类编号、身份证号码、银行账号、手机号等不需要进行运算的数字。这类文本型数字最明显的特点就是所在单元格左上方会以三角形进行标记，如图 5-3 所示。

001	10723664126	632253212654120
002	11365998241	632253212654121
003	12655369801	632253212654122
004	11569634420	632253212654123

文本型数字

图5-3

5.1.2 输入数值型数据

数值型数据的表现形式最为丰富。整数、小数、分数、负数、百分比数值、货币、日期和时间、科学记数格式等都属于数值型数据。默认情况下，数值型数据自动沿单元格右对齐，如图5-4所示。

整数	320	分数	2/3
小数	23.67	货币	¥4,560.00
负数	-160	日期	2021/12/21
百分比	85%	科学记数	3.20325E+12

图5-4

下面将对其中一些数据的输入技巧进行说明。

（1）输入小数

默认情况下，在输入小数数值时，直接输入小数点即可。但遇到小数点后面为"0"时，例如要输入"21.00"，可系统只显示"21"，这时就需要通过设置数字格式来实现，如图5-5所示。

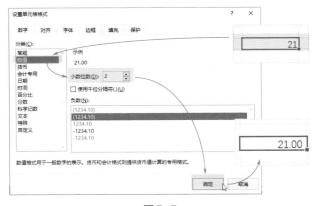

图5-5

（2）输入负数

负数输入很简单，只需在数字前输入减号，或在括号中输入数字然后按【Enter】键，如图5-6所示。

图5-6

（3）输入分数

在输入分数时需要注意，如果直接在单元格中输入"2/3"，然后按【Enter】键，系统会显示"2月3日"。那么正确的输入方式是先输入"0"和空格，再输入"2/3"，按【Enter】键，如图5-7所示。

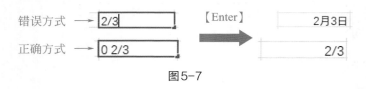

图5-7

（4）输入货币

当输入表示金额的数字时，通常会将其设置为货币格式。在Excel中货币输入很简单，只需先输入金额，然后再通过"数字格式"列表进行选择，如图5-8所示。

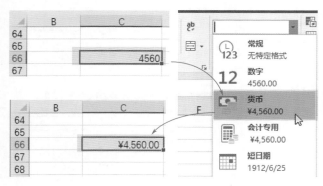

图5-8

（5）科学记数

默认情况下，当在单元格中输入数字超过11位时，系统会自动以科学记数格式来显示。遇到这种情况时，可将该数字转换为文本型，如图5-9所示。

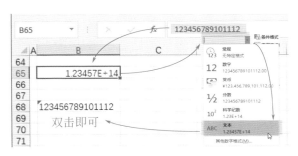

图5-9

5.1.3 输入日期型数据

日期是特殊数值型数据，也是十分重要的一种数据类型。Excel标准的日期格式有两种，分别为"短日期"和"长日期"。

通常短日期用"/"或"-"符号来显示；而长日期则用标准的年、月、日来显示，如图5-10所示。

短日期格式 ——→ 2021/12/21   2021年12月21日 ←—— 长日期格式

图5-10

无论是短日期还是长日期，用户都可在单元格中直接输入。当然，也可进行缩写。例如输入"12/21"后，系统会显示"12月21日"，而完整的日期显示为"2021/12/21"，如图5-11所示。

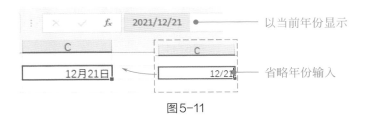

图5-11

如果输入"2021/12",系统会显示"Dec-21",而完整的日期则显示"2021/12/1",如图 5-12 所示。

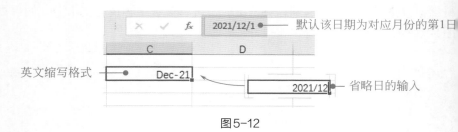

图5-12

在输入日期时,用户会随手输入一些不规范的日期格式,例如"2021.12.21""2021、12、21""12月""2021\12\21"等,像这些日期格式,Excel 只会将其视为普通文

规范格式	不规范格式
2021/12/21	2021.12.21
2021年12月21日	2021、12、21
Dec-21	2021\12\21
	……

图5-13

本,而不能转换为标准的日期格式。所以在输入时,一定要输入规范的日期格式,否则是不能够参与后期数据处理的,如图 5-13 所示。

在 Excel 中日期有很多种显示方式,如图 5-14 所示。

D 出生年月	D 出生年月	D 出生年月	D 出生年月	D 出生年月
1976/5/1	1976年5月1日	1976-05-01	1976年5月	76/5/1
1989/3/18	1989年3月18日	1989-03-18	1989年3月	89/3/18
1989/2/5	1989年2月5日	1989-02-05	1989年2月	89/2/5
1990/3/13	1990年3月13日	1990-03-13	1990年3月	90/3/13
1970/4/10	1970年4月10日	1970-04-10	1970年4月	70/4/10
1980/8/1	1980年8月1日	1980-08-01	1980年8月	80/8/1
1981/10/29	1981年10月29日	1981-10-29	1981年10月	81/10/29
1980/9/7	1980年9月7日	1980-09-07	1980年9月	80/9/7
1991/12/14	1991年12月14日	1991-12-14	1991年12月	91/12/14
1994/5/28	1994年5月28日	1994-05-28	1994年5月	94/5/28
1995/5/30	1995年5月30日	1995-05-30	1995年5月	95/5/30
1980/3/15	1980年3月15日	1980-03-15	1980年3月	80/3/15
1980/4/5	1980年4月5日	1980-04-05	1980年4月	80/4/5
1986/3/3	1986年3月3日	1986-03-03	1986年3月	86/3/3
1989/9/5	1989年9月5日	1989-09-05	1989年9月	89/9/5
1993/10/2	1993年10月2日	1993-10-02	1993年10月	93/10/2
1986/8/1	1986年8月1日	1986-08-01	1986年8月	86/8/1
1988/2/14	1988年2月14日	1988-02-14	1988年2月	88/2/14
1978/4/22	1978年4月22日	1978-04-22	1978年4月	78/4/22

图5-14

这些日期显示方式,用户可在"设置单元格格式"对话框中进行选择,如图 5-15 所示。

Excel 默认使用 1900 日期系统，在该日期系统下，"1900/1/1"可转换为数字"1"，"1900/1/2"可转换为数字"2"，"1900/1/3"可转换为数字"3"，依此类推。按照这种推断，这些数字被视为相应日期的代码，选中该代码，将单元格格式设为"日期"，其可显示为标准的日期格式，如图 5-16 所示。

图 5-15

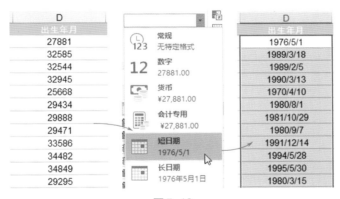

图 5-16

5.1.4　自定义数字格式

一般情况下，系统内置的数字格式可以满足用户日常的制作需求。用户可在"设置单元格格式"对话框的"自定义"分类选项中进行选择，如图 5-17 所示。

当然也会遇到一些特殊的格式要求，例如为数字后添加单位、更改数字颜色等。这就需要用户自己来定义格式了，如图 5-18 所示。

图 5-17

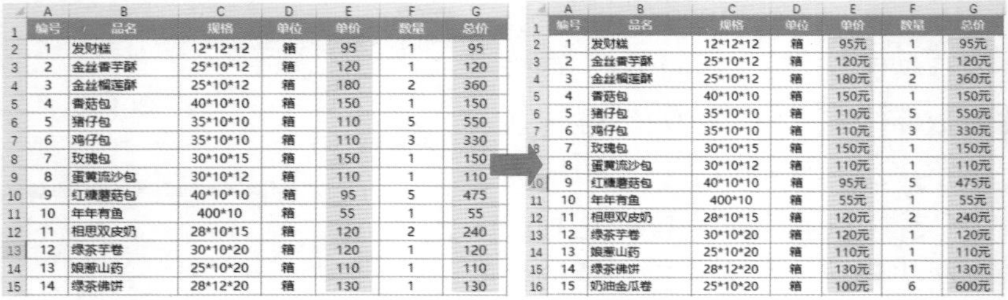

	A	B	C	D	E	F	G
1	编号	品名	规格	单位	单价	数量	总价
2	1	发财糕	12*12*12	箱	95	1	95
3	2	金丝香芋酥	25*10*12	箱	120	1	120
4	3	金丝榴莲酥	25*10*12	箱	180	2	360
5	4	香菇包	40*10*10	箱	150	1	150
6	5	猪仔包	35*10*10	箱	110	5	550
7	6	鸡仔包	35*10*10	箱	110	3	330
8	7	玫瑰包	30*10*15	箱	150	1	150
9	8	蛋黄流沙包	30*10*12	箱	110	1	110
10	9	红糖蘑菇包	40*10*10	箱	95	5	475
11	10	年年有鱼	400*10	箱	55	1	55
12	11	相思双皮奶	28*10*15	箱	120	2	240
13	12	绿茶芋卷	30*10*20	箱	120	1	120
14	13	娘惹山药	25*10*20	箱	110	1	110
15	14	绿茶佛饼	28*12*20	箱	130	1	130

	A	B	C	D	E	F	G
1	编号	品名	规格	单位	单价	数量	总价
2	1	发财糕	12*12*12	箱	95元	1	95元
3	2	金丝香芋酥	25*10*12	箱	120元	1	120元
4	3	金丝榴莲酥	25*10*12	箱	180元	2	360元
5	4	香菇包	40*10*10	箱	150元	1	150元
6	5	猪仔包	35*10*10	箱	110元	5	550元
7	6	鸡仔包	35*10*10	箱	110元	3	330元
8	7	玫瑰包	30*10*15	箱	150元	1	150元
9	8	蛋黄流沙包	30*10*12	箱	110元	1	110元
10	9	红糖蘑菇包	40*10*10	箱	95元	5	475元
11	10	年年有鱼	400*10	箱	55元	1	55元
12	11	相思双皮奶	28*10*15	箱	120元	2	240元
13	12	绿茶芋卷	30*10*20	箱	120元	1	120元
14	13	娘惹山药	25*10*20	箱	110元	1	110元
15	14	绿茶佛饼	28*12*20	箱	130元	1	130元
16	15	奶油金瓜卷	25*10*20	箱	100元	6	600元

图5-18

在自定义数字格式前，用户需要了解一些常用格式代码的含义，例如“0”“#”“,”“？”“[]”等，如表5-1所示。

表5-1

代码	含义
G/通用格式	不设置任何格式，按照数据原始格式显示，等同于内置格式中的“常规”
0	0为数字占位符。当数字个数比代码位数少时，显示无意义的零值。可以利用代码0让数位显示前导0；当小数点后的数字个数比代码的位数多时，四舍五入来保留指定位数
#	#为数字占位符。只显示有效数字，不显示无意义的零值
?	?为数字占位符，它与“0”作用相似，但以空格显示代替无意义的零值，可用于对齐小数点位置，也可以用于具有不同位数的分数
.	该代码的作用是为数字添加小数点
%	该代码的作用是为数字添加百分号
,	，是千位分隔符，作用是为数字添加千位分隔符
E	E是科学记数符号，作用是将数值转换成科学计数法显示
!	！是转义字符，强制显示下一个文本字符，可用于分号（；）、点号（.）、问号（？）等特殊符号的显示
\	\的作用和“！”相同，输入后会以符号“！”代替其代码格式
*	*是文本占位符，可以重复下一个字符来填充列宽
@	@是文本占位符，等同于Excel内置的“文本”格式。如果只使用单个@，作用是引用原始文本。如果使用多个@，则可重复文本
[颜色]	[颜色]为颜色代码，用于显示相应的颜色。[颜色]可以是[黑色][蓝色][蓝绿色][绿色][洋红色][红色][白色][黄色]
[颜色*n*]	[颜色*n*]用于显示Excel调色板上的颜色，*n*的数值范围为0～56
[条件]	[条件]用于设置条件，条件通常由“>”“<”“=”“>=”“<=”“<>”等运算符及数值构成

如果要为数据批量添加单位，可先选中该列数据，按【Ctrl+1】组合键，在打开的"设置单元格格式"对话框中选择"自定义"选项，然后在"类型"文本框中输入指定的格式，如图5-19所示。

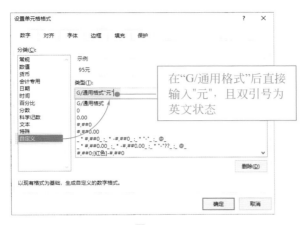

图5-19

此外，使用该方法还可以根据指定的条件来修改数字颜色，使数字变得更加直观。例如，将销售额大于2000的数据用绿色表示；销售额小于1000的数据用红色表示；其他数值为黑色不变，如图5-20所示。

	A	B	C	D	E
1	日期	销售商品	销售数量	销售单价	销售金额
2	2021/5/2	帽子	10	50.00	500.00
3	2021/5/2	沙滩凉鞋	20	80.00	1600.00
4	2021/5/3	运动服	10	90.00	900.00
5	2021/5/3	运动裤	5	180.00	900.00
6	2021/5/5	阔腿裤	10	150.00	1500.00
7	2021/5/5	休闲鞋	50	60.00	3000.00
8	2021/5/5	休闲鞋	40	55.00	2200.00
9	2021/5/11	运动凉鞋	5	60.00	300.00
10	2021/5/13	连衣裙	18	99.00	1782.00
11	2021/5/18	凉鞋	20	150.00	3000.00
12	2021/5/18	沙滩鞋	5	180.00	900.00
13	2021/5/18	牛仔裙	15	50.00	750.00
14	2021/5/18	牛仔裤	6	55.00	330.00
15	2021/5/21	运动服	5	108.00	540.00
16	2021/5/21	牛仔裤	10	170.00	1700.00
17	2021/5/21	连衣裙	2	45.00	90.00
18	2021/5/24	连衣裙	15	90.00	1350.00
19	2021/5/28	运动鞋	15	170.00	2550.00
20	2021/5/28	运动背心	35	75.00	2625.00
21	2021/5/28	阔腿裤	30	55.00	1650.00

图5-20

选中 E 列数据，按【Ctrl+1】组合键打开"设置单元格格式"对话框，在"自定义"选项中的"类型"文本框中输入相应的条件格式，如图 5-21 所示。

图 5-21

在该条件格式中，每组"[]"内容为设置的条件；条件后的"0.00"则表示数字显示方式，也就是会显示"500.00"，而如果是"0"，那么会显示"500"；每个条件必须要用"；"隔开。注意所有符号都必须在英文状态下输入。

5.1.5 提高数据输入的准确性

为了保证数据的准确性，用户可以使用"数据验证"功能来输入数据。例如，只允许输入固定位数的数据、限制数值的输入范围、通过下拉列表输入数据等。下面将对数据验证功能进行简单的介绍。

（1）只允许输入 18 位数字

如果数字位数比较多，在输入时，往往会出现多一位数或少一位数的情况。这时为了避免出错，就可使用数据验证功能。选择所需的单元格区域，单击"数据"→"数据验证"按钮，打开"数据验证"对话框，在"验证条件"选项组中设置条件规则，如图 5-22 所示。

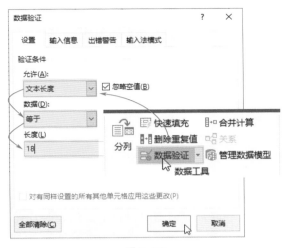

图5-22

当在单元格中输入位数少于18位或多于18位的数据时，系统会弹出提示信息，提示用户纠正，如图5-23所示。

	B	C	D	E	F	G
1	工号	姓名	性别	身份证号		
2	XG001	温 婉	女	12133000002	少于18位	
3	XG002	李 东	男			
4	XG003	顾小青	女			
5	XG004	刘 洋	男			
6	XG005	张芳芳	女			
7	XG006	王 子	男			
8	XG007	孙瑞希	男			
9	XG008	江泽熙	男			
10	XG009	周 鑫	女			
11	XG010	刘 磊	男			
12	XG011	李彤彤	女			
13	XG012	吴亮亮	男			

Microsoft Excel

此值与此单元格定义的数据验证限制不匹配。

重试(R)　取消　帮助(H)

图5-23

（2）在指定日期范围内输入数据

如果在表格中只允许输入"2021/4/1 ～ 2021/4/30"的日期，那么在"数据验证"对话框中设置日期条件即可，如图5-24所示。

图5-24

（3）通过下拉列表输入数据

输入某些固定选项时，可以通过设置下拉列表的方式进行输入。选中表格中"所属部门"单元格区域，在"数据验证"对话框中设置每个部门的名称，如图5-25所示。

图5-25

知识点拨

如果要删除数据验证功能，可选择设置了数据验证功能的单元格区域，打开"数据验证"对话框，在"设置"选项卡中单击"全部清除"按钮，如图5-26所示。

图5-26

5.2 快速填充与复制数据

对于一些重复的数据或关联数据，用户可以使用填充和复制功能来提升数据输入的速度。

5.2.1 自动填充重复数据

当需要在某个单元格区域中输入相同的数据，用户可使用填充柄或"填充"功能快速输入。

（1）填充连续单元格

选择所需单元格右下角填充柄，向下拖动至目标单元格，如图 5-27 所示。

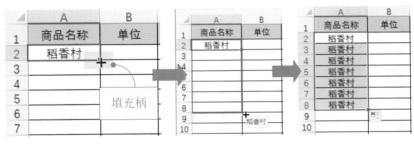

图 5-27

此外，先选中要填充的单元格区域，例如选择 A2:A9 单元格区域，选项"开始"→"填充"→"向下"选项，即可快速填充，如图 5-28 所示。

图 5-28

（2）填充不连续单元格

如果要在不连续的单元格中快速填充相同的内容，那么用户只需按【Ctrl】键选中所需单元格，直接输入内容，然后按【Ctrl+Enter】组合键，此时输入的内容将自动填充到被选的单元格中，如图 5-29 所示。

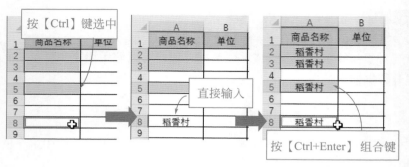

图 5-29

5.2.2 自动填充有序数据

填充有序数据也称序列填充，在 Excel 中常用于填充日期和序号等内容。有序数据填充与以上介绍的重复数据填充方法相似，用户可以利用填充柄来操作。

对于填充有序数字，用户在拖动填充柄时按住【Ctrl】键，即可自动生成有序数字，如图 5-30 所示。

对于填充日期时，只需直接拖动填充柄即可，如图 5-31 所示。

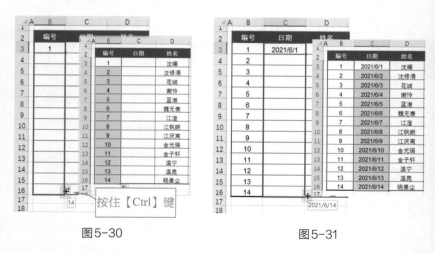

图 5-30   图 5-31

以上方法适用于填充范围较小的情况。如果填充范围大，例如需要填充 1 ~ 500 的序列，这时用户就需要使用"序列"对话框来操作了。

选中"1"所在的单元格,选择"填充"→"序列"选项,在打开的"序列"对话框中进行设置,如图5-32所示。

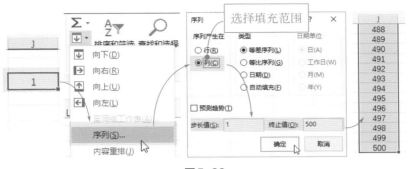

图5-32

5.2.3 自定义填充数据

对于一些特殊的序列,例如周一、周二、周三、周四,一月、二月、三月、四月等,由于其大多是文本型数据,无法通过填充柄实现自动填充,所以想要提高输入效率,可以对这些特殊序列进行自定义,如图5-33所示。

图5-33

单击"文件"→"选项"→"高级"→"编辑自定义列表"按钮,在打开的"自定义序列"对话框中设置新序列,并将其添加至左侧"自定义序列"表中,然后通过拖动填充柄的方法实现自动填充,如图5-34所示。

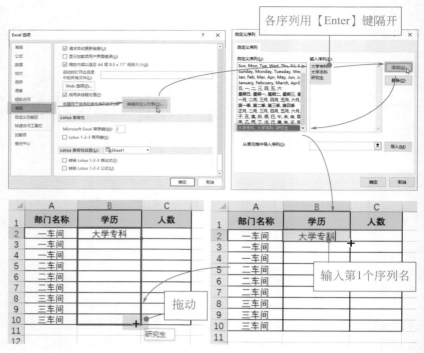

图 5-34

5.2.4 复制粘贴数据的几种方法

数据的复制与粘贴除使用【Ctrl+C】组合键和【Ctrl+V】组合键外，还可以使用选择性粘贴的方式来操作。

使用【Ctrl+C】组合键和【Ctrl+V】组合键时会将单元格中的数据及格式一起进行复制，而用户往往要根据实际情况选择合适的粘贴方式。例如，只需要粘贴数据，不需要其格式；或者只需要计算结果，而不需要公式等。

按【Ctrl+C】组合键复制单元格后，使用鼠标右键单击目标单元格，在弹出的快捷菜单中选择"粘贴选项"，会显示多种粘贴方式，如图 5-35 所示。选择其中一种方式，即可完成粘贴操作，当然粘贴的方式不同，其结果也不同。

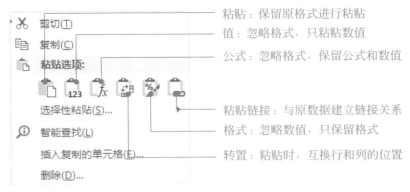

粘贴：保留原格式进行粘贴

值：忽略格式，只粘贴数值

公式：忽略格式，保留公式和数值

粘贴链接：与原数据建立链接关系

格式：忽略数值，只保留格式

转置：粘贴时，互换行和列的位置

图5-35

此外，单击"选择性粘贴"选项右侧的三角按钮，会打开更多的粘贴方式。而选择"选择性粘贴"选项，则会打开"选择性粘贴"对话框，在此也可选择合适的粘贴方式，如图5-36所示。

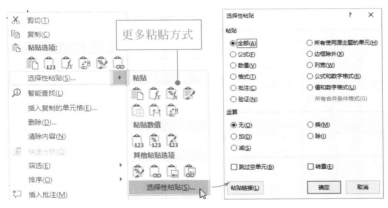

图5-36

5.3　对数据进行编辑

输入数据后，通常会对数据进行一些常规的编辑操作。例如，数据的合并与拆分、修改数据内容、对数据进行查找和替换等。下面将对这些编辑操作进行介绍。

5.3.1 取消合并填充数据

为了让数据表显得更有序、更规整，通常习惯于将一些重复的单元格进行合并操作。其实，这样的做法不合理。因为合并后的单元格是不能参与后续数据分析的，例如数据的提取、排序、筛选等，如图5-37所示。

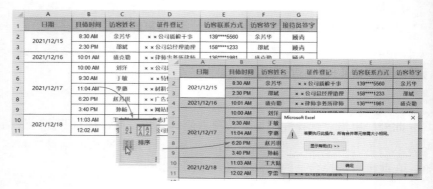

图5-37

遇到这种情况，只能先取消单元格合并，然后再进行分析操作。按【Ctrl+A】组合键全选表格内容，选择"开始"→"合并后居中"→"取消单元格合并"选项，取消所有合并操作，如图5-38所示。

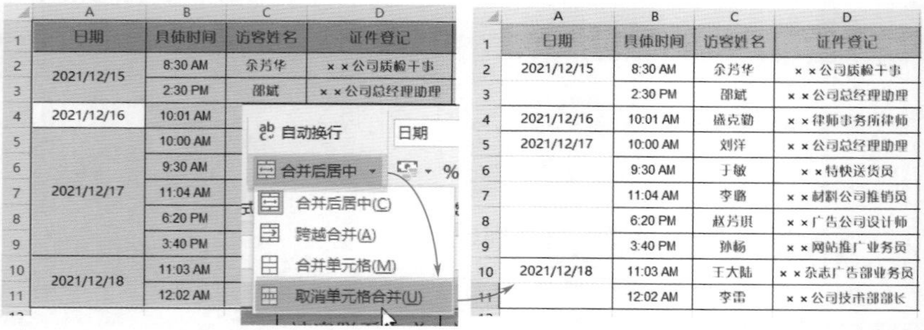

图5-38

取消合并后，数据表就会出现大量的空格。为了不影响后续的分析操作，需要将这些空格进行补全。虽然之前介绍过使用【Ctrl+Enter】组合键进行快速填充，但该功能一次只能填充一组数据，如图5-39所示。

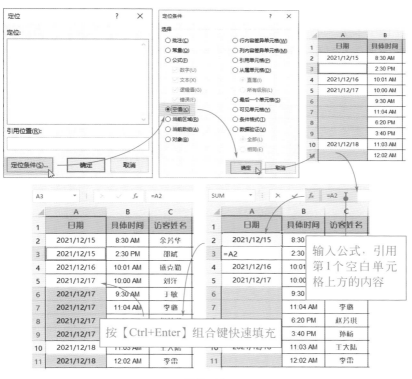

图5-39

如果要填充多组数据的话，可使用"单元格应用"功能来实现。

按【Ctrl+A】组合键全选表格，按【Ctrl+G】组合键打开"定位"对话框，单击"定位条件"按钮，定位表格中的空格，然后再批量引用空白单元格上方的内容进行填充，如图5-40所示。

图5-40

5.3.2 快速分列数据

当遇到一些不同属性的数据显示在一个单元格时，需要通过"分列"功能将数据进行有序的摆放，如图5-41所示。

第5章 规范输入数据很重要

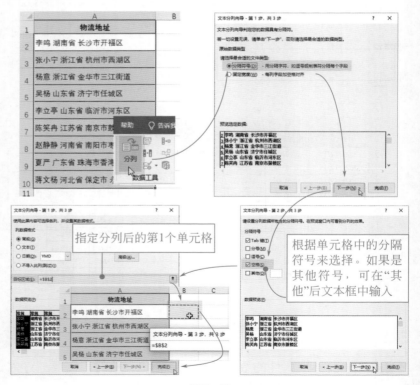

图 5-41

选中要分列的单元格，单击"数据"→"分列"按钮，打开"文本分列向导"对话框，在此设置分隔符号，并根据向导提示即可完成分列操作，如图 5-42 所示。

图 5-42

5.3.3 批量修改数据内容

如果需要对工作表中某组数据进行批量修改的话，那么只需使用"查找和替换"最基本的功能即可实现，如图5-43所示。

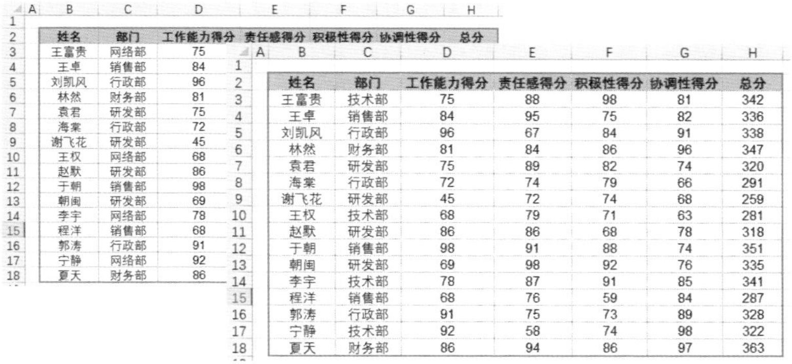

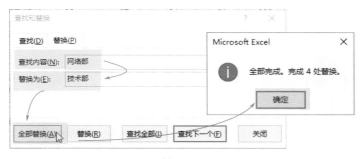

图5-43

操作很简单，选择C3:C18单元格区域，按【Ctrl+H】组合键打开"查找和替换"对话框，在此设置"查找"和"替换"的内容，单击"全部替换"按钮，如图5-44所示。

图5-44

5.3.4 按照格式进行数据的替换

当需要对一些具有特殊格式的内容进行处理时，可以按格式进行查找替换。例如，将表格中所有黄色底纹单元格中的数据替换为"未合格"字样，如图5-45所示。

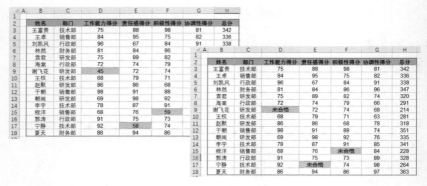

图5-45

按【Ctrl+H】组合键打开"查找和替换"对话框，单击"选项"按钮，展开更多设置选项，如图5-46所示。

图5-46

在此设置"查找内容"的格式及"替换为"的内容，单击"全部替换"按钮，如图5-47所示。

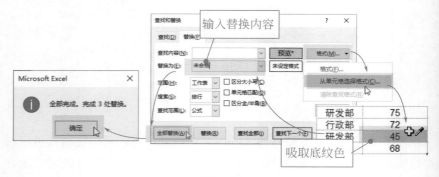

图5-47

扫码观看
本章视频

第 6 章

数据的统计
与分析

数据处理和分析功能是 Excel 的强项，它可以对各类数据进行排序、筛选、合并计算等操作。遇到复杂的数据时，使用这些功能可以大幅减少处理数据的时间，提高工作效率。本章将对这些常用数据分析功能进行详细介绍。

6.1 对数据进行排序和筛选

使用排序或筛选功能可以快速地获取重要数据信息，它们是数据整理分析工作的基础，在日常工作中会经常使用到。当然排序和筛选的方法有很多种，用户需根据实际情况来指定选择哪一种方法。

6.1.1 单列和多列排序

单列排序是将指定的一列数据按照升序或降序排序，它是排序功能中最基本的排序操作。而多列排序则是将两列或两列以上的数据进行排序，与单列排序相比，要复杂一些。

（1）单列排序

例如，将工作表中“销售价格”一列数据进行升序排序，如图6-1所示。

商品名称	供应商	台数	进价	销售价格
落地扇	天致电器	23	¥300.00	¥550.00
落地扇	金城商贸	56	¥220.00	¥450.00
落地扇	天致电器	45	¥470.00	¥670.00
空调扇	天致电器	26	¥700.00	¥1,100.00
空调扇	金城商贸	45	¥580.00	¥860.00
三叶吊扇	天致电器	95	¥290.00	¥400.00
三叶吊扇	金城商贸	62	¥420.00	¥650.00
三叶吊扇	金城商贸	12	¥450.00	¥700.00
遥控落地扇	恒远电器	35	¥480.00	¥800.00
遥控落地扇	天致电器	78	¥550.00	¥950.00
遥控落地扇	金城商贸	65	¥550.00	¥1,000.00
挂式空调	恒远电器	78	¥3,200.00	¥5,400.00

商品名称	供应商	台数	进价	销售价格
三叶吊扇	天致电器	95	¥290.00	¥400.00
落地扇	金城商贸	56	¥220.00	¥450.00
三叶吊扇	天致电器	45	¥360.00	¥520.00
落地扇	天致电器	23	¥300.00	¥550.00
三叶吊扇	恒远电器	65	¥450.00	¥600.00
三叶吊扇	金城商贸	62	¥420.00	¥650.00
三叶吊扇	恒远电器	95	¥550.00	¥650.00
落地扇	天致电器	45	¥470.00	¥670.00
三叶吊扇	金城商贸	12	¥450.00	¥700.00
遥控落地扇	恒远电器	35	¥480.00	¥800.00
空调扇	金城商贸	45	¥580.00	¥860.00
遥控落地扇	天致电器	78	¥550.00	¥950.00

图6-1

将光标放在“销售价格”一列任意单元格中，单击“数据”→“升序”按钮完成升序操作，如图6-2所示。

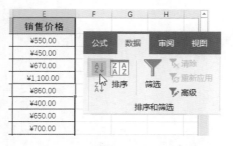

图6-2

（2）多列排序

多列排序也叫作多条件排序。例如，将"商品名称"数据进行升序排序，并将"销售价格"数据进行降序排序，如图6-3所示。

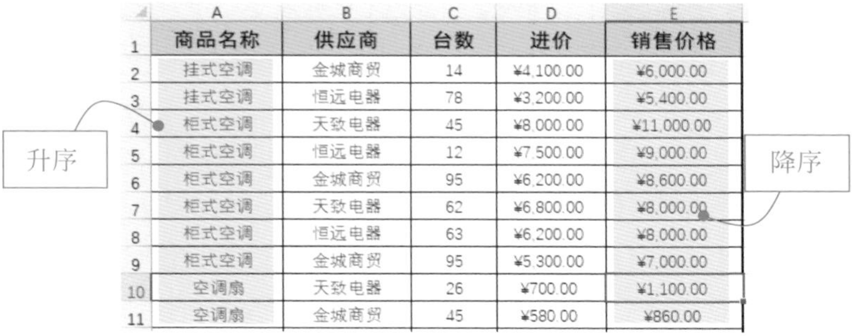

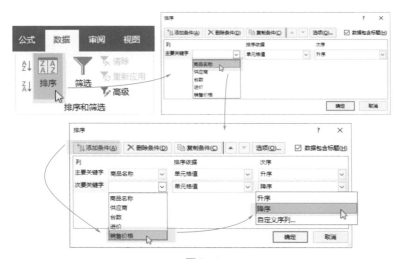

图6-3

操作也很简单，将光标放在表格任意位置，单击"数据"→"排序"按钮，在打开的"排序"对话框中设置"主要关键字""次要关键字"及"次序"，如图6-4所示。

图6-4

设置完成后，"商品名称"一列的数据会按照首字的拼音首字母从前往后排序，而"销售价格"一列数据是在"商品名称"相同的情况下，按照价格从高到低进行排序，而非整列数值排序，如图6-5所示。

名称相同

柜式空调	天致电器	45	¥8,000.00	¥11,000.00
柜式空调	恒远电器	12	¥7,500.00	¥9,000.00
柜式空调	金城商贸	95	¥6,200.00	¥8,600.00
柜式空调	天致电器	62	¥6,800.00	¥8,000.00
柜式空调	恒远电器	63	¥6,200.00	¥8,000.00
柜式空调	金城商贸	95	¥5,300.00	¥7,000.00

从高到低排序

图6-5

6.1.2 按颜色进行排序

如果需要对带有底色的数据进行排序，那么用户可通过"排序"对话框中的"排序依据"选项来操作。例如，将本例中"供应商"内容按照指定的颜色顺序进行排序，结果如图6-6所示。

图6-6

选择任意单元格，打开"排序"对话框，将"主要关键字"设为"供应商"，将"排序依据"设为"单元格颜色"，将"次序"设为"无单元格颜色"，如图6-7所示。然后按照相同的操作，添加其他两个"次要关键字"的"排序依据"，如图6-8所示。

图6-7

图6-8

(◎) 知识链接

　　数据表最顶端的数据通常是标题行，默认情况下，顶端标题行不会参与排序。若发现顶端标题行参与了排序，可在"排序"对话框中检查"数据包含标题"复选框是否被勾选。

6.1.3　对混合型的数据进行排序

　　混合型数据是指由英文和数字混合显示的数据。当对这类数据进行排序时，其结果往往不是想要的。例如，将表格中的"房号"按照从小到大的顺序进行排序，可排出的结果如图6-9所示。

客户姓名	房号	合同签订	房款交付	首付款
陈熙严	A210	已签	按揭	30%
魏立	B1109	已签	按揭	30%
王洋洋	A504	未签		
万中力	A106	已签	全款	
吴城	B904	未签		
夏季楠	A610	未签		
刘清	B602	已签	按揭	50%
王丽荣	B310	已签	按揭	30%
陈睿	A1007	已签	按揭	30%
聂小叶	B906	未签		
张涵	A501	已签	全款	
季月然	B210	已签	按揭	50%

客户姓名	房号	合同签订	房款交付	首付款
陈睿	A1007	已签	按揭	30%
万中力	A106	已签	全款	
陈熙严	A210	已签	按揭	30%
张涵	A501	已签	全款	
王洋洋	A504	未签		
夏季楠	A610	未签		
魏立	B1109	已签	按揭	30%
季月然	B210	已签	按揭	50%
王丽荣	B310	已签	按揭	30%
刘清	B602	已签	按揭	50%
吴城	B904	未签		
聂小叶	B906	未签		

图6-9

　　由此可以看出，系统只对"房号"的首字母按照大小顺序进行了排序，后面的数字却未按大小排序。遇到这种情况，用户就需要结合"分列"功能来操作了，如图6-10所示。

客户姓名	房号	合同签订	房款交付	首付款
万中力	A106	已签	全款	
陈熙严	A210	已签	按揭	30%
张涵	A501	已签	全款	
王洋洋	A504	未签		
夏季楠	A610	未签		
陈睿	A1007	已签	按揭	30%
季月然	B210	已签	按揭	50%
王丽荣	B310	已签	按揭	30%
刘清	B602	已签	按揭	50%
吴城	B904	未签		
聂小叶	B906	未签		
魏立	B1109	已签	按揭	30%

图6-10

先将"房号"数据进行分列。选中该列数据，单击"分列"按钮，
打开"文本分列向导"对话框，在此按照向导进行分列操作，创建出G
列、H列两个辅助列，如图6-11所示。

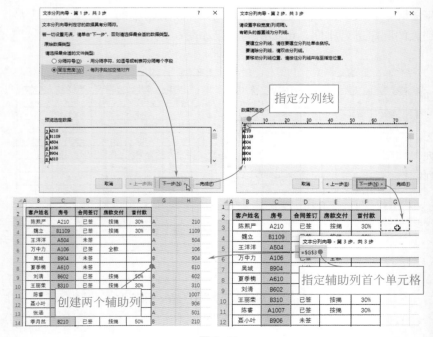

图6-11

知识链接

除使用"分列"功能分列数据外，还可以使用文本函数来对数据进行提取操作。创建一个辅助列，并输入公式"=LEFT(C3,1)&TEXT(MID(C3,2,4),"0000")"，然后向下填充该公式，即可提取"房号"数据。用户可以直接对数据进行升序排序。

接下来，对辅助列数据进行排序。打开"排序"对话框，将"G列"设置为"主要关键字"，并进行"升序"排序，添加"H列"为"次要关键字"，同样进行"升序"排序，如图6-12所示。

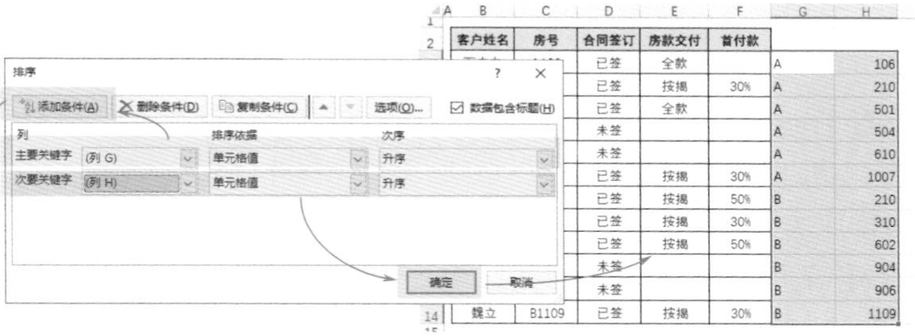

图6-12

最后，删除辅助列的数据即可。

6.1.4 数据的自定义排序

如果需要按照特定的序列排序的话，那么用户就要提前设定好序列，然后再进行排序。例如，将表格中的"所属部门"数据按照"行政部→财务部→采购部→生产管理部"顺序进行排序，如图6-13所示。

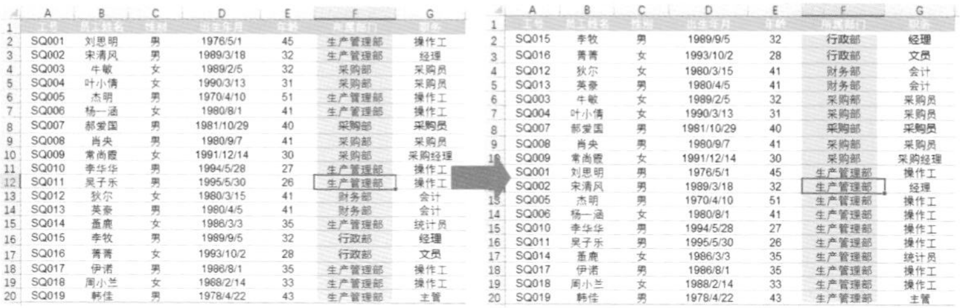

图6-13

147

选择任意单元格，打开"排序"对话框，将"主要关键字"设为"所属部门"，将"次序"设为"自定义序列"，在打开的"自定义序列"对话框中设定序列。每个序列名称需使用【Enter】键分隔开，如图6-14所示。

图6-14

设置后返回"排序"对话框，可以看到"次序"的排序方式为刚刚设置的自定义序列，单击"确定"按钮，如图6-15所示。

图6-15

6.1.5　对指定数据进行筛选

利用筛选功能可将有用数据从表格中快速提取出来，并且将不符合条件的数据进行隐藏。筛选的方式也有很多，筛选指定数据则是最基本的筛选操作。例如，快速筛选出各位"生产班长"的考核得分，如图6-16所示。

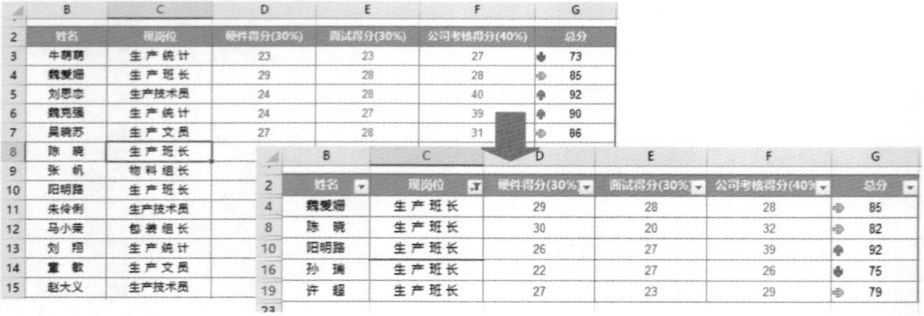

图6-16

启用"筛选"功能，添加"筛选"按钮。将光标放置在任意单元格，单击"数据"→"筛选"按钮，此时表头均会加载"筛选"按钮，如图6-17所示。

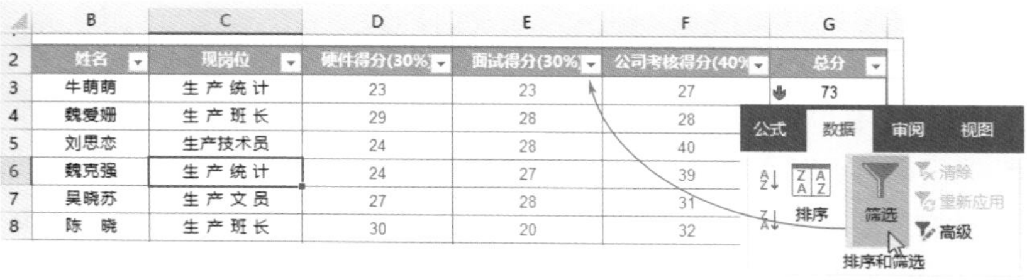

图6-17

单击"现岗位"的"筛选"按钮，在其列表中取消"全选"，并勾选"生产班长"复选框，单击"确定"按钮，如图6-18所示。

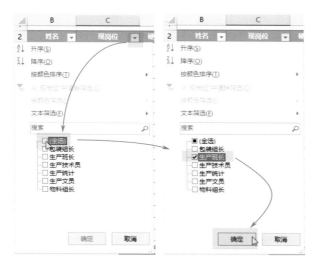

图6-18

知识链接

使用【Ctrl+Shift+L】组合键可快速启用"筛选"功能。结束筛选操作后，再按【Ctrl+Shift+L】组合键，可退出"筛选"功能。

6.1.6 用不同的筛选条件筛选数据

在筛选过程中，用户可以通过不同的筛选条件，精确地筛选出符合条件的数据信息，下面将对一些常用的筛选条件进行介绍。

（1）文本筛选

在表格中单击所需列的"筛选"按钮，在其列表中选择"文本筛选"选项，在打开的级联列表中选择筛选条件。

例如，要在表格中筛选出"赵"姓销售员的销售记录，可在"文本筛选"的级联列表中选择"包含"选项，在打开的"自定义自动筛选方式"对话框中设置筛选条件，如图6-19所示。

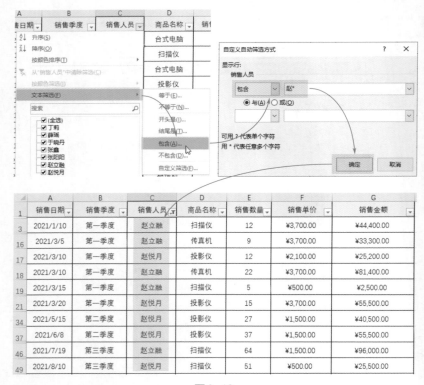

图6-19

（2）数字筛选

通过"数字筛选"功能可以快速筛选出满足各类筛选条件的数据。例如，筛选出"销售金额"为前3名的明细。

单击"销售金额"的"筛选"按钮，在其列表中选择"数字筛选"→"前10项"选项，在打开的"自动筛选前10个"对话框中设置筛选条件，如图6-20所示。

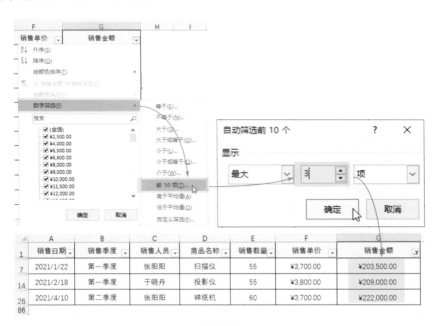

图6-20

（3）日期筛选

如果选中日期单元格，那么系统会自动启动"日期筛选"功能，用户可在其列表中设定筛选条件。例如，筛选出"2021/3/1 ～ 2021/3/15"的销售记录。

单击"销售日期"的"筛选"按钮，选择"日期筛选"→"自定义筛选"选项，在打开的"自定义自动筛选方式"对话框中设置日期值，单击"确定"按钮，即可筛选出符合该条件的数据，如图6-21所示。

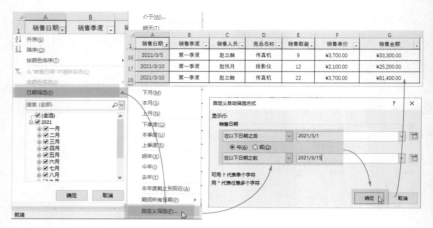

图6-21

6.1.7 在复杂条件下筛选数据

当筛选条件比较复杂，使用常规筛选无法完成时，可以使用"高级筛选"功能进行筛选。在进行高级筛选时，需要用户提前创建好条件区域，该区域是由标题和筛选条件两个部分组成，缺一不可。其中，标题内容必须与原表格的标题一致，如图6-22所示。

图6-22

由此可以看出，当前表格设定了两个筛选条件：①筛选出"商品名称"为"儿童电话手表"，并且销售金额大于10000的数据；②筛选出销售员为"孔澜"的数据。

(!) 注意事项

筛选条件显示在同一行时，表示各条件之间是"与"的关系，不在同一行时，则表示各条件之间是"或"的关系。

接下来就可以进行高级筛选操作了。选择任意单元格，单击"数据"→"高级"按钮，打开"高级筛选"对话框，框选出"列表区域"与"条件区域"，单击"确定"按钮，即可将符合条件的数据都筛选出来，如图6-23所示。

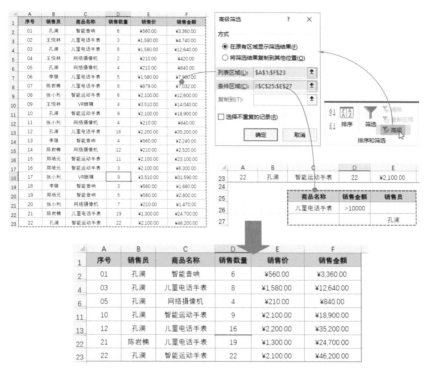

图6-23

6.1.8 对筛选结果进行输出

默认情况下，高级筛选是直接在原表中进行筛选。如果想要保留原始数据，那么用户可以指定区域来显示筛选的结果。

打开"高级筛选"对话框，将"方式"设为"将筛选结果复制到其他位置"，然后指定复制的区域，如图6-24所示。

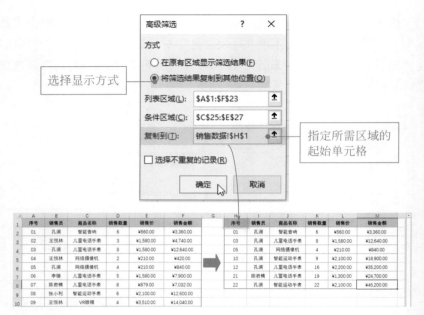

图6-24

　　如果是执行其他类型的筛选操作，那么用户可以将筛选结果复制到新工作表中。打开执行筛选后的工作表，按【Ctrl+G】组合键打开"定位"对话框，单击"定位条件"按钮，在打开的"定位条件"对话框中单击"可见单元格"单选按钮。然后按【Ctrl+C】组合键复制筛选结果，指定新工作表，按【Ctrl+V】组合键粘贴，如图6-25所示。

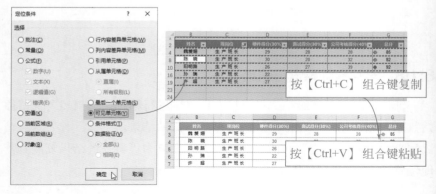

图6-25

6.2 利用条件格式突显数据信息

想要使用颜色或图标呈现出各数据之间的差异或趋势，可以使用"条件格式"功能。该功能可以根据制订的条件规则，突出显示单元格，用户可以很直观地获取有用的数据信息。

6.2.1 突显符合条件的数据

突出显示单元格规则有7种，包括大于、小于、介于、等于、文本包含、发生日期、重复值。在"开始"→"条件格式"→"突出显示单元格规则"选项列表中选择，如图6-26所示。

例如，将表格中"销售数量"大于50的数据突显出来。那么选中"销售数量"列单元格区域，在"突出显示单元格规则"列表中选择"大于"选项，在打开的"大于"对话框中，输入突显条件，并设置填充底色，如图6-27所示。

图6-26

<table>
<tr><th></th><th>A</th><th>B</th><th>C</th><th>D</th><th>E</th><th>F</th><th>G</th></tr>
<tr><td>1</td><td>销售日期</td><td>销售季度</td><td>销售人员</td><td>商品名称</td><td>销售数量</td><td>销售单价</td><td>销售金额</td></tr>
<tr><td>2</td><td>2021/1/5</td><td>第一季度</td><td>张阳阳</td><td>台式电脑</td><td>60</td><td>¥3,200.00</td><td>¥192,000.00</td></tr>
<tr><td>3</td><td>2021/1/10</td><td>第一季度</td><td>赵立融</td><td>扫描仪</td><td>12</td><td>¥3,700.00</td><td>¥44,400.00</td></tr>
<tr><td>4</td><td>2021/1/11</td><td>第一季度</td><td>张鑫</td><td>台式电脑</td><td>22</td><td>¥2,900.00</td><td>¥63,800.00</td></tr>
<tr><td>5</td><td>2021/1/15</td><td>第一季度</td><td>丁莉</td><td>投影仪</td><td>43</td><td>¥3,700.00</td><td>¥159,100.00</td></tr>
<tr><td>6</td><td>2021/1/20</td><td>第一季度</td><td>于晓丹</td><td>投影仪</td><td>41</td><td>¥3,700.00</td><td>¥151,700.00</td></tr>
<tr><td>7</td><td>2021/1/22</td><td>第一季度</td><td>张阳阳</td><td>扫描仪</td><td>55</td><td>¥3,700.00</td><td>¥203,500.00</td></tr>
<tr><td>8</td><td>2021/1/26</td><td>第一季度</td><td>于晓丹</td><td>投影仪</td><td>45</td><td>¥3,700.00</td><td>¥166,500.00</td></tr>
<tr><td>9</td><td>2021/1/30</td><td>第一季度</td><td>薛瑶</td><td>打印机</td><td>52</td><td>¥3,500.00</td><td>¥182,000.00</td></tr>
<tr><td>10</td><td>2021/2/3</td><td>第一季度</td><td>丁莉</td><td>打印机</td><td>39</td><td>¥3,700.00</td><td>¥144,300.00</td></tr>
<tr><td>11</td><td>2021/2/5</td><td>第一季度</td><td>丁莉</td><td>碎纸机</td><td>39</td><td>¥3,700.00</td><td>¥144,300.00</td></tr>
<tr><td>12</td><td>2021/2/10</td><td>第一季度</td><td>丁莉</td><td>投影仪</td><td>53</td><td>¥3,200.00</td><td>¥169,600.00</td></tr>
</table>

图6-27

6.2.2　突显前5名的数据

利用"最前/最后规则"选项，可突出显示高于或低于指定区间的数值，如图6-28所示。

例如，突出显示"销售金额"列中金额最高的5个值。

选中"销售金额"单元格区域，在"最前/最后规则"列表中选择"前10项"，在打开的"前10项"对话框中设置条件规则，单击"确定"按钮，可突显所需数据，如图6-29所示。

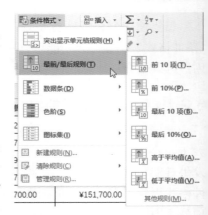

图6-28

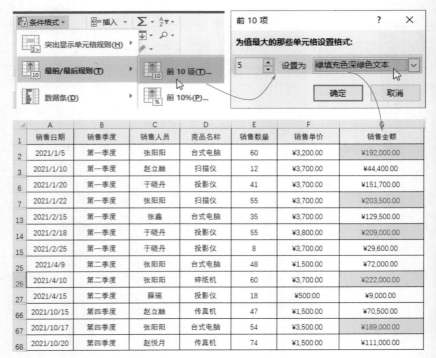

	A	B	C	D	E	F	G
1	销售日期	销售季度	销售人员	商品名称	销售数量	销售单价	销售金额
2	2021/1/5	第一季度	张阳阳	台式电脑	60	¥3,200.00	¥192,000.00
3	2021/1/10	第一季度	赵立融	扫描仪	12	¥3,700.00	¥44,400.00
6	2021/1/20	第一季度	于晓丹	投影仪	41	¥3,700.00	¥151,700.00
7	2021/1/22	第一季度	张阳阳	扫描仪	55	¥3,700.00	¥203,500.00
13	2021/2/15	第一季度	张鑫	台式电脑	35	¥3,700.00	¥129,500.00
14	2021/2/18	第一季度	于晓丹	投影仪	55	¥3,800.00	¥209,000.00
15	2021/2/25	第一季度	于晓丹	投影仪	8	¥3,700.00	¥29,600.00
25	2021/4/9	第二季度	张阳阳	台式电脑	48	¥1,500.00	¥72,000.00
26	2021/4/10	第二季度	张阳阳	碎纸机	60	¥3,700.00	¥222,000.00
27	2021/4/15	第二季度	薛瑶	投影仪	18	¥500.00	¥9,000.00
66	2021/10/15	第四季度	赵立融	传真机	47	¥1,500.00	¥70,500.00
67	2021/10/17	第四季度	张阳阳	台式电脑	54	¥3,500.00	¥189,000.00
68	2021/10/20	第四季度	赵悦月	传真机	74	¥1,500.00	¥111,000.00

图6-29

6.2.3 利用数据条、色阶和图标集展示数据

数据条用带颜色的条形表现数值的大小，一组数据中数字越大，则数据条越长，如图6-30所示。而色阶则是用颜色的深浅、色调的冷暖来表达数值的大小，如图6-31所示。图标集是以各类图标展示单元格中的值，如图6-32所示。

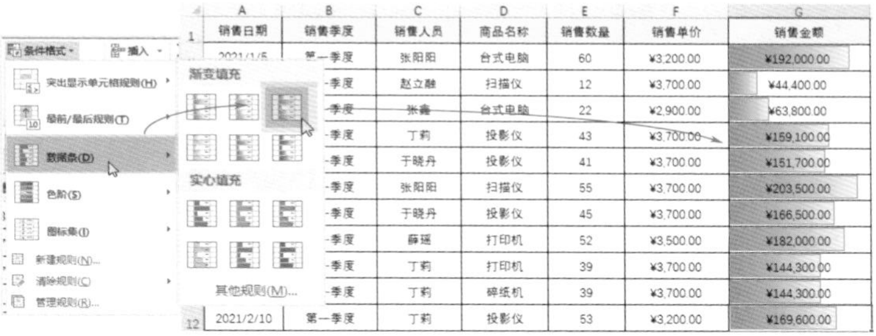

图6-30

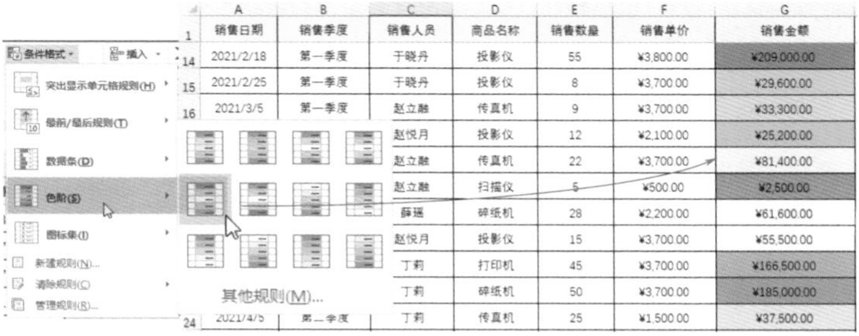

图6-31

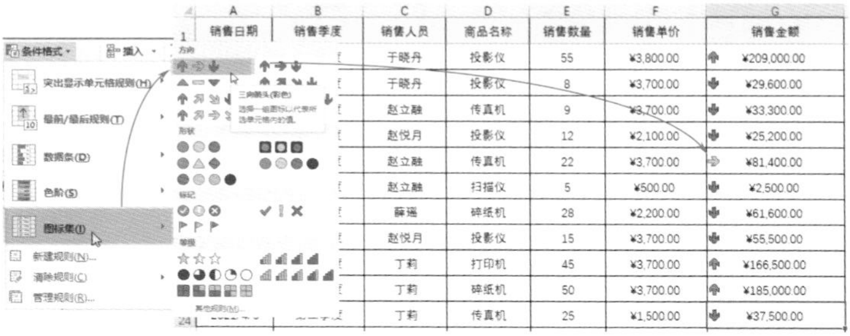

图6-32

6.2.4 修改设定的条件规则

对数据设置条件规则后，如果显示的结果不能满足需求，那么用户可以对其规则进行修改，如图6-33所示。

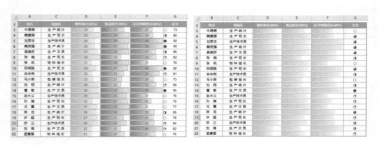

图6-33

修改"总分"列图标集规则。选中该列单元格区域，选择"条件格式"→"管理规则"选项，打开"条件格式规则管理器"对话框，单击"编辑规则"按钮，打开"编辑格式规则"对话框，在此需要对各个图标的值进行合理的分配，如图6-34所示。

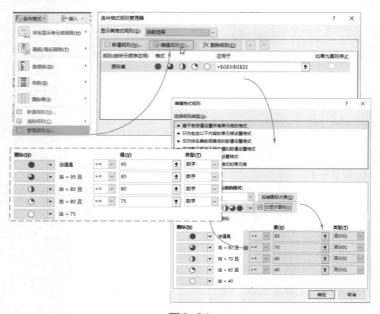

图6-34

　　修改完成后，勾选"仅显示图标"复选框，隐藏单元格数值，返回上一层对话框，单击"确定"按钮，结果如图6-35所示。

　　接下来修改D3:F22单元格区域的数据条格式。选中该单元格区域，选择"条件格式"→"管理规则"选项，在打开的"条件格式规则管理器"对话框中，选中第一个数据条，在打开的"编辑格式规则"对话框中对其颜色进行修改，如图6-36所示。

图6-35

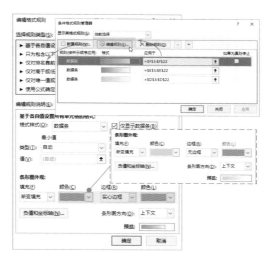

图6-36

　　按照同样的方法，设置其他两个数据条的颜色，结果如图6-37所示。

图6-37

(◉◉) **知识链接**

　　想要清除设置的条件规则，可在"条件格式"列表中选择"清除规则"选项，并在其级联菜单中根据需要选择是清除所选单元格，还是清除整个工作表的规则。

6.3　数据分类汇总与合并计算

　　分类汇总是数据处理的重要工具之一，它可以将同一种类型的数据进行快速汇总并进行合并计算。

6.3.1　单字段与多字段的分类汇总

　　分类汇总包含两种类型：一种是单字段汇总；另一种是多字段汇总。下面对这两种汇总方式进行简单介绍。

（1）单字段汇总

　　如果只需要对同一种类型的数据进行汇总，则采用单字段汇总方式来操作。例如，将表格中"销售人员"字段进行汇总。首先，需要将数据进行重新排序，如图6-38所示。

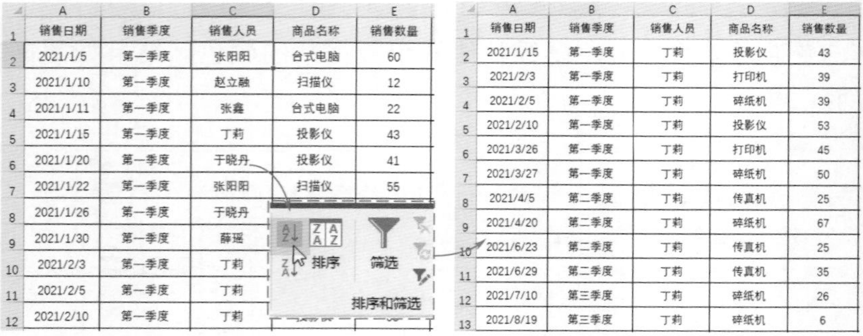

图6-38

　　单击"数据"→"分类汇总"按钮，在打开的"分类汇总"对话框中设置好"分类字段"及"选定汇总项"选项，单击"确定"按钮，即可完成操作，如图6-39所示。

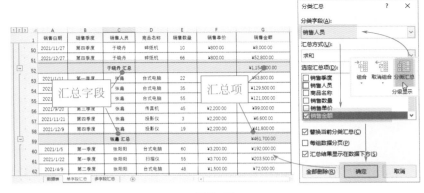

图6-39

（2）多字段汇总

如果需要对两种类型的数据进行汇总，那么就采用多字段汇总的方式来操作。例如，现需要对销售人员每个季度的销售额进行汇总，如图6-40所示。

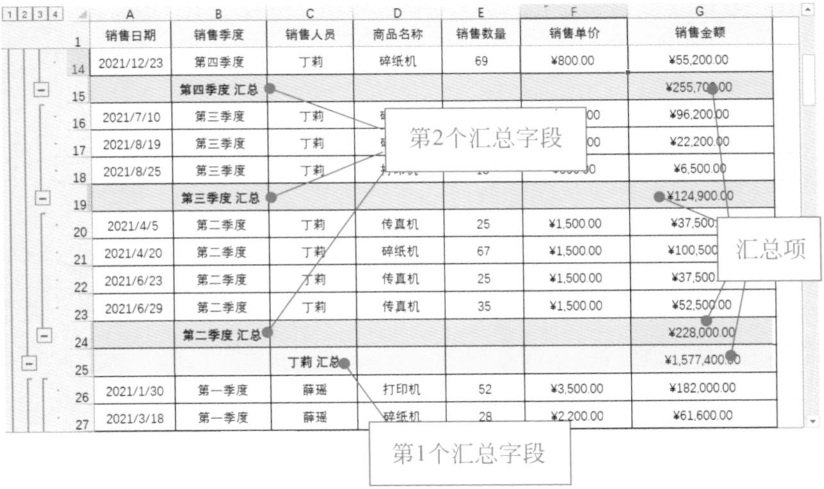

图6-40

同样先进行排序，打开"排序"对话框，设置"主要关键字"和"次要关键字"，如图6-41所示。

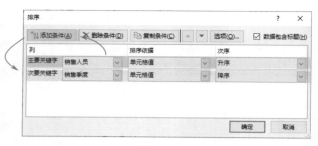

图6-41

单击"分类汇总"按钮，设置第一个字段汇总选项，如图6-42所示。然后再次打开"分类汇总"对话框，设置第二个字段汇总选项，此时需取消勾选"替换当前分类汇总"复选框，否则将会替换到第一次的汇总结果。单击"确定"按钮，如图6-43所示。

图6-42

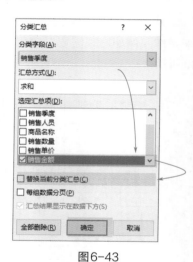

图6-43

6.3.2 复制分类汇总的结果

对数据表进行分类汇总后，数据表左侧会显示分级显示按钮，一般情况下，它会显示三级。当然，如果分类的字段越多，分级显示按钮也会随之增加，单击其中的分级按钮，会显示出相应的分类汇总结果，如图6-44所示。

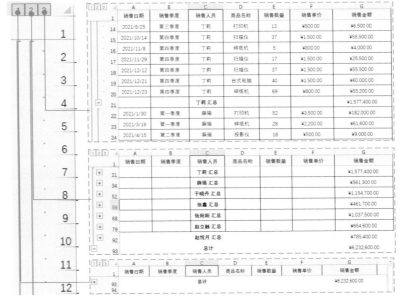

图6-44

- "1"级显示按钮：隐藏所有明细和分类汇总，只显示总计。
- "2"级显示按钮：隐藏所有明细，只显示分类汇总与总计。
- "3"级显示按钮：显示所有明细、分类汇总及总计。

如果直接复制分类汇总结果，那么被隐藏的数据明细也会一同被复制，如图6-45所示。

	A	B	C	D	E	F	G
1	销售日期	销售季度	销售人员	商品名称	销售数量	销售单价	销售金额
17	2021/11/29	第四季度	丁莉	扫描仪	17	¥1,500.00	¥25,500.00
18	2021/12/12	第四季度	丁莉	扫描仪	37	¥1,500.00	¥55,500.00
19	2021/12/21	第四季度	丁莉	台式电脑	40	¥1,500.00	¥60,000.00
20	2021/12/23	第四季度	丁莉	碎纸机	69	¥800.00	¥55,200.00
21			丁莉 汇总				¥1,577,400.00
22	2021/1/30	第一季度	薛瑶	打印机	52	¥3,500.00	¥182,000.00
23	2021/3/18	第一季度	薛瑶	碎纸机	28	¥2,200.00	¥61,600.00
24	2021/4/15	第二季度	薛瑶	投影仪	18	¥500.00	¥9,000.00
25	2021/4/18	第二季度	薛瑶	传真机	35	¥2,200.00	¥77,000.00
26	2021/5/11	第二季度	薛瑶	投影仪	24	¥500.00	¥12,000.00
27	2021/6/4	第二季度	薛瑶	台式电脑	15	¥2,200.00	¥33,000.00
28	2021/8/6	第三季度	薛瑶	投影仪	55	¥500.00	¥27,500.00
29	2021/9/16	第三季度	薛瑶	投影仪	61	¥500.00	¥30,500.00
30	2021/10/8	第四季度	薛瑶	传真机	20	¥500.00	¥10,000.00
31	2021/12/6	第四季度	薛瑶	扫描仪	69	¥800.00	¥55,200.00
32	2021/12/15	第四季度	薛瑶	扫描仪	65	¥800.00	¥52,000.00
33	2021/12/20	第四季度	薛瑶	传真机	23	¥500.00	¥11,500.00
34			薛瑶 汇总				¥561,300.00
35	2021/1/20	第一季度	于晓丹	投影仪	41	¥3,700.00	¥151,700.00

图6-45

想要只显示结果，而清除所有数据明细，那就需要先定位至可见单元格，然后再进行复制操作。

单击"2"级显示按钮，调出分类汇总结果。选中该区域，按【Ctrl+G】组合键打开"定位"对话框，单击"定位条件"按钮，在打开的"定位条件"对话框中选择"可见单元格"单选按钮，此时系统只会选择当前可见的单元格数据。按【Ctrl+C】组合键和【Ctrl+V】组合键进行复制粘贴，如图6-46所示。

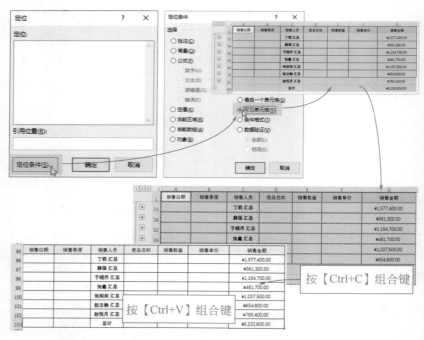

图6-46

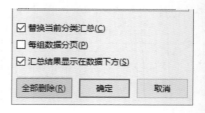

知识链接

如果要删除分类汇总的操作，可在"分类汇总"对话框中单击"全部删除"按钮，如图6-47所示。

图6-47

6.3.3 对同一工作簿中工作表进行合并计算

有时需要将多个工作表中的数据汇总到一张主表中，这时可以使用合并计算功能来实现。待计算的工作表可以和主表在同一工作簿中，也可以在不同的工作簿中。下面先介绍如何在同一个工作簿中进行合并计算。

例如，将"第1季度"至"第4季度"这4个工作表中的汽车销售数据，统一汇总到"合并结果"工作表中。那么，先在"合并结果"工作表中指定A1单元格，单击"数据"→"合并计算"按钮，打开"合并计算"对话框，将"函数"设为"求和"。分别加载4个工作表中的数据，并设置"标签位置"，即可完成合并计算操作，如图6-48所示。

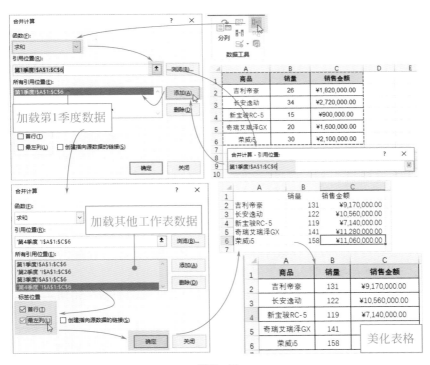

图6-48

合并计算默认的计算方式是"求和"，用户也可以根据需求对其进行更改。在"合并计算"对话框中单击"函数"下拉按钮，选择所需的计算方式。

6.3.4　对不同工作簿中工作表进行合并计算

如需要将不同工作簿中工作表数据合并计算到主表中，其操作与6.3.3大致相同。打开所需合并的工作簿，在"合并计算"对话框中加载所有工作簿中的数据区域，并设置"标签位置"，如图6-49所示。

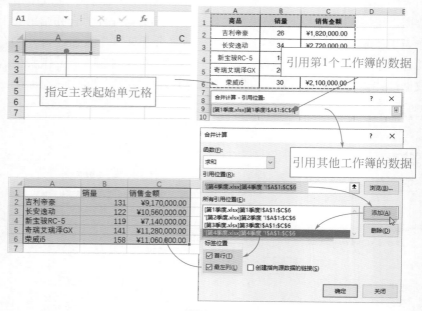

图6-49

想要实现修改工作表中的数据后，汇总数据也跟着发生相应的更改，则需要在操作时勾选"创建指向源数据的链接"复选框，单击"确定"按钮，此时，求和汇总的数据会以分级显示，如图6-50所示。

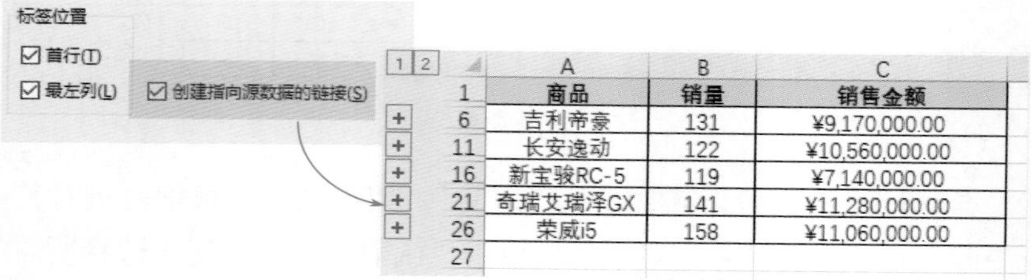

图6-50

6.4 创建数据透视表的基本方法

数据透视表是处理数据的绝佳工具，它可以动态地改变自身的版面布置，从而实现按照不同的方式分析数据的目的。本节将对数据透视表的创建进行简单介绍。

6.4.1 数据源的规范整理

在创建数据透视表前，其工作表一定要规范合理，否则无法创建符合要求的数据透视表。用户在录入数据源时，需要遵守以下几条规范。

①工作簿名称中不能包含非法字符。

②数据源中不能包含多层表头，有且仅有一行标题行。Excel标题行代表了每列数据的属性，是筛选和排序的依据。表头一般显示在整张表格的最顶部，是当前表格的说明，如图6-51所示。

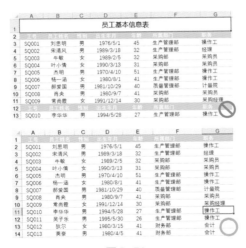

图6-51

③数据源中不能包含的空白行和列。没有实际作用的空白行或空白列会形成阻断，将一张完整工作表分隔成多张不连续的表，其危害性非常大。

④数据源中不能包含合并的单元格。在前面的内容已介绍过，存在

合并单元格时，无法进行数据的排序及筛选，所以很难保证数据的准确性，如图6-52所示。

	A	B	C	D
1	序号	业务员	区域	销售额
2	1	刘思明		¥91,518.00
3	2	宋清风	华北	¥315,126.00
4	3	牛敏		¥279,834.00
5	4	常尚霞		¥77,857.00
6	5	李华华		¥369,845.00
7	6	吴子乐	华东	¥249,889.00
8	7	狄尔		¥97,313.00
9	8	英豪		¥361,933.00
10	9	叶小倩		¥423,191.00
11	10	杰明		¥316,250.00
12	11	杨一涵	华南	¥392,582.00

	A	B	C	D
1	序号	业务员	区域	销售额
2	1	刘思明	华北	¥91,518.00
3	2	宋清风	华北	¥315,126.00
4	3	牛敏	华北	¥279,834.00
5	4	常尚霞	华东	¥77,857.00
6	5	李华华	华东	¥369,845.00
7	6	吴子乐	华东	¥249,889.00
8	7	狄尔	华东	¥97,313.00
9	8	英豪	华东	¥361,933.00
10	9	叶小倩	华南	¥423,191.00
11	10	杰明	华南	¥316,250.00
12	11	杨一涵	华南	¥392,582.00

图6-52

⑤数据源中的数据格式必须统一，并且一张工作表中的数据不能拆分到多张工作表中。

6.4.2　创建数据透视表

数据源整理好后，就可以根据需要创建数据透视表了。数据透视表可在数据源中创建，也可以在新工作表中创建。

将光标放置在数据源任意单元格中，单击"插入"→"数据透视表"按钮，打开"创建数据透视表"对话框，保持默认的数据源区域不变，然后选择透视表的位置，单击"确定"按钮，创建空白数据透视表，如图6-53所示。

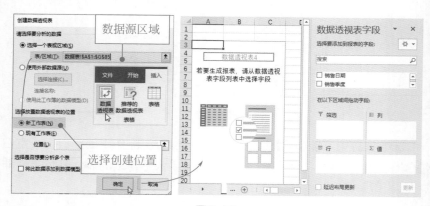

图6-53

在打开的"数据透视表字段"窗格中勾选所需字段，完成数据透视表的创建操作，如图6-54所示。

图6-54

6.4.3 更改与刷新数据源

如果用户在数据源中添加了新的字段，数据透视表是无法自动更新数据字段的，此时用户可手动更改一下数据源范围。

例如，在原数据的基础上添加了"销售提成"字段，但在"数据透视表字段"窗格中没有显示相关字段，如图6-55所示。

图6-55

在"数据透视表工具-分析"选项卡中单击"更改数据源"按钮，在打开的"移动数据透视表"对话框中重新框选修改后的数据源区域，单击"确定"按钮，如图6-56所示。

图6-56

如果是对数据源中的某一数据进行了更改，那么用户可在"数据透视表工具-分析"选项卡中单击"刷新"或"全部刷新"选项，如图6-57所示。

使用鼠标右键单击数据透视表，在弹出的快捷菜单中选择"数据透视表选项"，在打开的"数据透视表选项"对话框中勾选"打开文件时刷新数据"复选框，可实现自动刷新操作，如图6-58所示。

图6-57

图6-58

6.4.4 整理数据透视表字段

数据透视表主要是通过不停地变换字段来改变整体的布局，从而对不同字段组成的报表进行计算分析，所以灵活掌握数据透视表字段的各种设置方法，是学好数据透视表的第一步。

（1）修改字段名称

数据透视表中的字段是可以进行修改的。例如，将默认的"求和项：销售金额"字段名称更改为"销售总额"，如图6-59所示。

	A	B	C
1			
2			
3	行标签　▼	求和项:销售数量	求和项:销售金额
4	⊟第二季度	704	1199000
5	丁莉	152	228000
6	薛瑶	92	131000
7	于晓丹	218	327000
8	张阳阳	178	417000
9	赵悦月	64	96000
10	⊟第三季度	810	1325700

	A	B	C
1			
2			
3	行标签　▼	求和项:销售数量	销售总额
4	⊟第二季度	704	1199000
5	丁莉	152	228000
6	薛瑶	92	131000
7	于晓丹	218	327000
8	张阳阳	178	417000
9	赵悦月	64	96000
10	⊟第三季度	810	1325700

图6-59

在"数据透视表字段"窗格中单击该字段，选择"值字段设置"选项，在打开的"值字段设置"对话框中，自定义该名称，如图6-60所示。

图6-60

（2）隐藏字段标题

默认情况下，行标题或列标题是显示状态，如果需要对其进行隐藏，可在"数据透视表工具-分析"选项卡中单击"字段标题"按钮，如图6-61所示。

图6-61

（3）展开或折叠字段

当数据透视表中包含多个行字段时，可以手动控制活动字段的展开或折叠，如图6-62所示。

图6-62

（4）添加计算字段

创建数据透视表后，用户是无法直接对数据进行计算的,除非添加一个计算字段。计算字段是指通过现有的字段进行计算后得到的新字段，例如添加"销售提成"字段。

将光标定位至数据透视表任意单元格，在"数据透视表工具-分析"选项卡中选择"字段、项目和集"→"计算字段"选项，在"插入计算字段"对话框中，设置字段名称及公式，单击"确定"按钮，如图6-63所示。

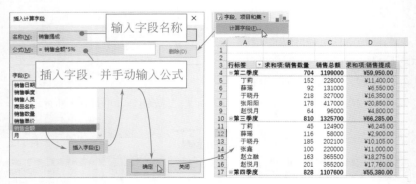

图6-63

（5）删除多余字段

如果需删除字段，可在"数据透视表字段"窗格中单击所需字段，在打开的列表中选择"删除字段"选项，如图6-64所示。

图6-64

6.4.5 调整数据透视表的布局

为了让数据透视表看上去更美观更协调，用户可以对数据透视表进行重新布局。数据透视表默认的布局形式便是以压缩形式显示。在"数据透视表工具-设计"选项卡中单击"报表布局"下拉按钮，在其列表中根据需要选择相应的布局方式，如图6-65所示。

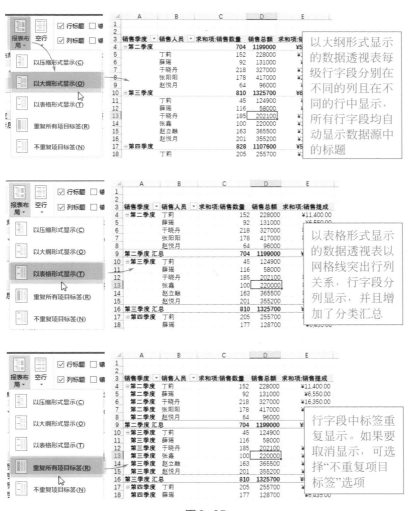

图6-65

6.4.6 使用数据透视表合并多表数据

多张工作表中的数据也可合并创建数据透视表，图6-66所示的是两个门店的全年销售数据汇总情况。

	A	B
1	类别	销售额
2	杂粮面包	¥185,000.00
3	黑麦面包	¥90,000.00
4	白面包	¥138,900.00
5	全麦面包	¥150,000.00
6	酸酵面包	¥90,000.00
7	乳酪面包	¥120,000.00
8	起司面包	¥190,000.00
9	吐司面包	¥200,000.00
10	法式面包	¥115,000.00

	A	B
1	类别	销售额
2	杂粮面包	¥210,000.00
3	黑麦面包	¥155,000.00
4	白面包	¥110,900.00
5	全麦面包	¥236,000.00
6	酸酵面包	¥175,000.00
7	乳酪面包	¥266,000.00
8	起司面包	¥234,000.00
9	吐司面包	¥315,000.00
10	法式面包	¥220,000.00

	A	B	C
1	页1	(全部)	
2			
3	求和项:值	列标签	
4	行标签	销售额	总计
5	白面包	249800	249800
6	法式面包	335000	335000
7	黑麦面包	245000	245000
8	起司面包	424000	424000
9	全麦面包	386000	386000
10	乳酪面包	386000	386000
11	酸酵面包	265000	265000
12	吐司面包	515000	515000
13	杂粮面包	395000	395000
14	总计	3200800	3200800
15			

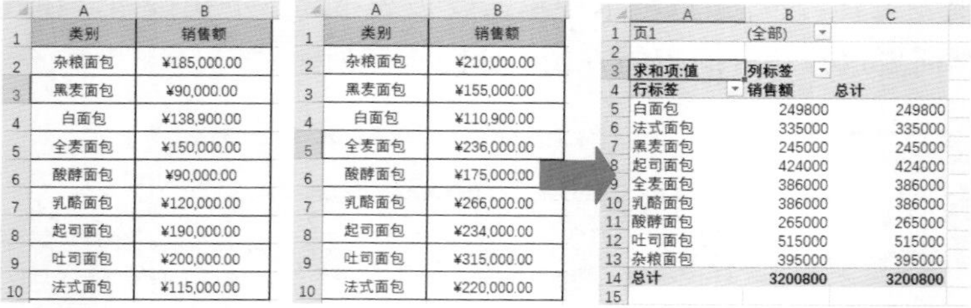

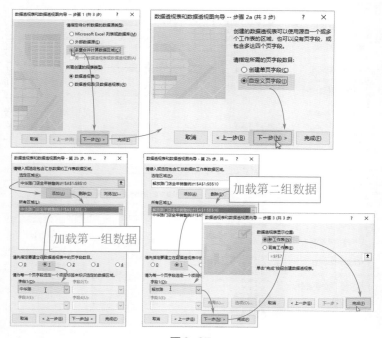

图6-66

依次按【Alt】【D】【P】键，打开“数据透视表和数据透视图向导一步骤*n*”对话框，然后按照向导提示，加载两个门店的数据，并设置数据透视表显示位置，如图6-67所示。

图6-67

6.5 用数据透视表进行排序和筛选

数据透视表中也能执行排序和筛选，但是其操作方法与普通工作表稍微有些差别。下面将对数据透视表中的排序和筛选方法进行详细介绍。

6.5.1 对指定字段进行排序

数据透视表中只有行字段有排序筛选按钮，用户可以借助该按钮对数据透视表进行排序，如图6-68所示。

行标签	求和项:销售数量	求和项:销售金额
第二季度	704	1199000
丁莉	152	228000
薛瑶	92	131000
于晓丹	218	327000
张阳阳	178	417000
赵悦月	64	96000
第三季度	810	1325700
丁莉	45	124900
薛瑶	116	58000
于晓丹	185	202100
张鑫	100	220000
赵立融	163	365500
赵悦月	201	355200
第四季度	828	1107600
丁莉	205	255700
薛瑶	177	128700
于晓丹	86	68800
张鑫	22	48400
张阳阳	84	225000
赵立融	85	127500
赵悦月	169	253500

行标签	求和项:销售数量	求和项:销售金额
第二季度	704	1199000
赵悦月	64	96000
薛瑶	92	131000
丁莉	152	228000
于晓丹	218	327000
张阳阳	178	417000
第三季度	810	1325700
薛瑶	116	58000
丁莉	45	124900
于晓丹	185	202100
张鑫	100	220000
赵悦月	201	355200
赵立融	163	365500
第四季度	828	1107600
张鑫	22	48400
于晓丹	86	68800
赵立融	85	127500
薛瑶	177	128700
张阳阳	84	225000
赵悦月	169	253500
丁莉	205	255700

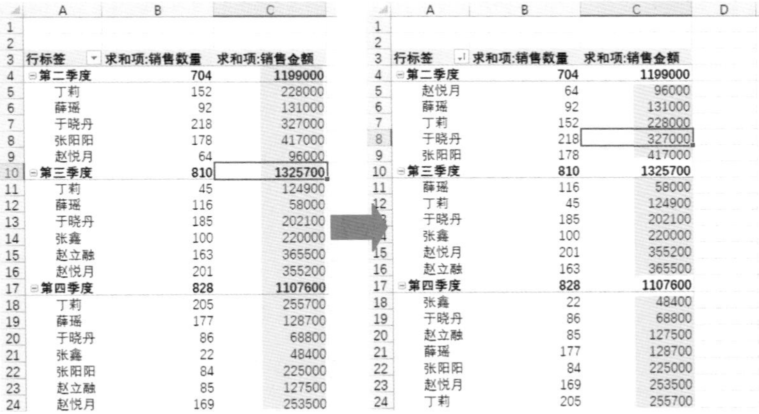

图6-68

使用鼠标右键单击指定字段任意单元格，在弹出的快捷菜单中选择“排序”→“升序”选项，此时，当前指定字段的数据即可按照升序排序，如图6-69所示。

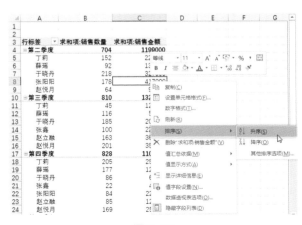

图6-69

如果需要对数据透视表中多个字段进行排序，例如将表格中"基本工资"按升序排序，同时将"工资合计"也按升序排序，那么就需要先禁止"每次更新报表时自动排序"选项，如图6-70所示。

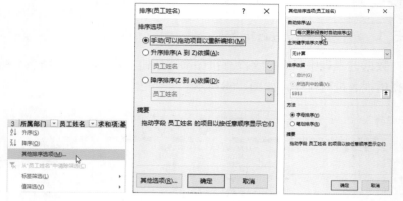

图6-70

接下来分别将"基本工资"和"工资合计"两个字段进行升序排序，如图6-71所示。

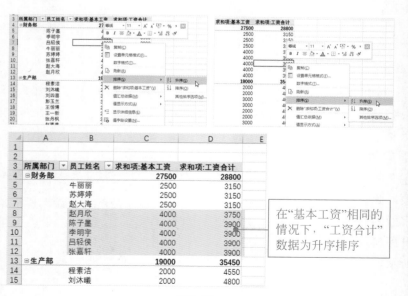

在"基本工资"相同的情况下，"工资合计"数据为升序排序

图6-71

　　用户还可以对数据透视表中行字段或列字段的位置进行调整。将光标移至所需字段边框上方，当光标呈十字箭头时，拖动它至目标位置。但需要注意的是，行字段和列字段无法跨区域移动。

6.5.2　行字段和值字段的筛选

　　首先介绍一下行字段的筛选。例如，在当前数据透视表中筛选出所有"打印机"和"碎纸机"的销售数据。

　　单击"行标签"的"筛选"按钮，在列表中选择字段，然后在筛选列表中勾选"打印机"和"碎纸机"行字段，如图6-72所示。

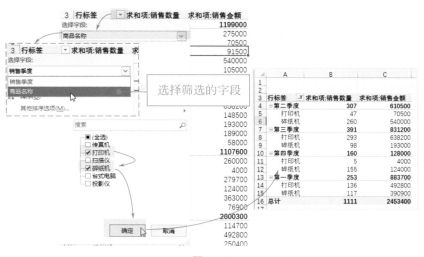

图6-72

　　接下来介绍一下值字段的筛选方法。在数据透视表中，所有值字段是不显示"筛选"按钮的，用户可以通过行标签中的"筛选"按钮进行筛选操作。例如筛选出本例"销售数量"大于"120"的数据，那么就单击"行标签"的"筛选"按钮，选择筛选字段，并选择"值筛选"→"大于"选项，在打开的"值筛选"对话框中设置筛选条件，如图6-73所示。

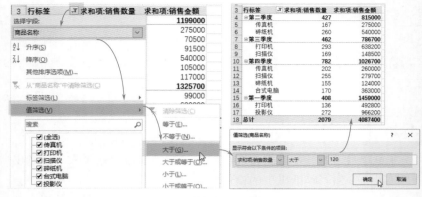

图6-73

6.5.3 通过添加筛选字段进行筛选

可以利用筛选字段按照多个筛选条件进行快速筛选操作。筛选字段位于透视表顶部，如图6-74所示。

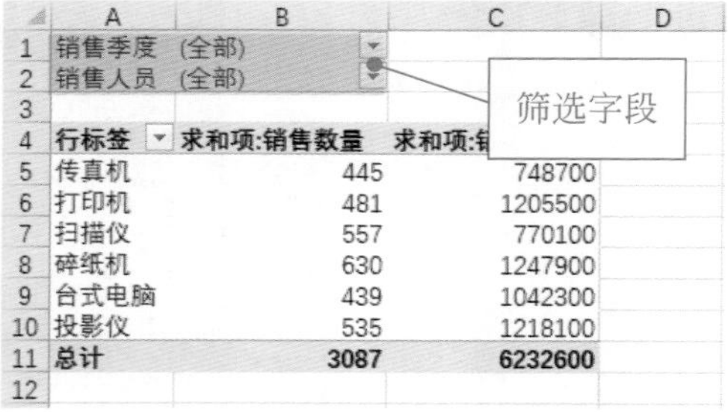

图6-74

下面就通过设置筛选字段的方式，筛选出第二季度丁莉的销售记录。

首先添加筛选字段。在"数据透视表字段"窗格中将"销售季度"和"销售人员"两个字段拖至"筛选"区，如图6-75所示。

接下来单击"销售季度"的"筛选"按钮，在列表中选择"第二季度"选项；单击"销售人员"的"筛选"按钮，选择"丁莉"选项，如图6-76所示。

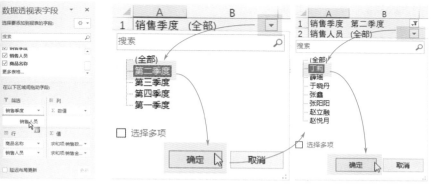

図6-75　　　　　　　　　　　　　図6-76

此时符合条件的数据已被筛选出来，如图6-77所示。

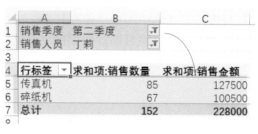

図6-77

6.5.4　使用筛选工具进行数据筛选

切片器和日程表是数据透视表中两种比较便捷的筛选工具，它们可以按照用户的筛选条件快速筛选出有用的数据信息。下面将对这两种筛选工具进行简单介绍。

（1）使用切片器筛选数据

在"数据透视表工具-分析"选项卡中单击"插入切片器"按钮，在打开的"插入切片器"对话框中勾选所需筛选字段，即可用相应字段启动切片器，如图6-78所示。

在切片器中单击某个人名和商品名，数据透视表随即会筛选出对应的数据信息，如图6-79所示。

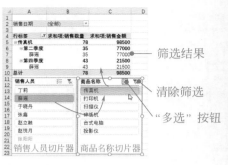

图6-78　　　　　　　　　图6-79

（2）使用日程表筛选数据

日程表功能与切片器功能相似，它专门用于筛选报表中的日期字段。在"数据透视表工具-分析"选项卡中单击"插入日程表"按钮，在打开的"插入日程表"对话框中勾选"销售日期"选项，可启动日期筛选器。在该筛选器中单击筛选的日期，数据透视表随即会显示出对应日期的数据信息，如图6-80所示。

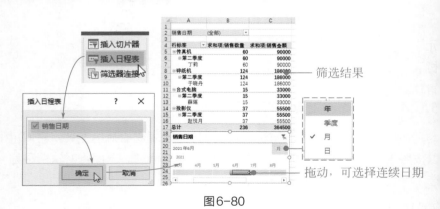

图6-80

6.6　实用的数据分析工具

除使用数据透视表分析数据外，Excel还提供了其他几种数据分析工具，例如单变量求解、利用模拟运算表分析数据、规划求解等。本节将对这些分析工具进行介绍。

6.6.1 单变量求解

单变量求解是解决假定一个公式要取的某一结果值，其中变量的引用单元格应取值为多少的问题。

例如，张某贷款买房，向银行贷款总金额为300000元，年利率为6.3%，贷款年限为10年，如果每月还款5000元，需要多少个月能还清贷款？

首先创建基础表格，并使用公式和PMT函数计算出月利率和月还款金额，如图6-81所示。

图6-81

接下来使用"单变量求解"功能，根据题干中的每月还款5000元来计算还款月数。选中B5单元格，选择"数据"→"模拟分析"→"单变量求解"选项，打开"单变量求解"对话框，根据题干设置计算项，如图6-82所示。

图6-82

最后，单击"确定"按钮，打开"单变量求解状态"对话框，并自动对B5单元格进行单变量求解，单击"确定"按钮完成计算操作，如图6-83所示。

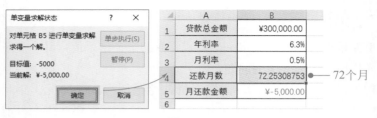

图6-83

6.6.2 利用模拟运算表分析数据

模拟运算表作为工作表的一个单元格区域，可以显示公式中某些数值的变化对计算结果的影响。运算表根据数据变量的多少分为单变量模拟运算表和双变量模拟运算表。

（1）单变量模拟运算表

单变量模拟运算表主要分析当一个参数变化而其他参数不变时，对目标值的影响。单变量模拟运算表的结构特点：其输入数值被排列在一列中（列引用）或一行中（行引用）。虽然输入的单元格不必是模拟运算表的一部分，但是模拟运算表中的公式必须引用输入单元格。

例如，李某定期向银行存款，存款年利率为0.3%，存款年限为3年，如果张某每月按照1500元、2000元、2500元、3000元、3500元、4000元进行存款，计算出到期后其相应的存款总额是多少？

先创建基础表格，并使用公式和函数计算出"月利率"和每月存款1500元的存款总额，如图6-84所示。

	A	B	C	D	E
1	存款年利率	0.30%		每月存款额	存款总额
2	月利率	0.03%		¥1,500.00	¥54,236.92
3	存款年限	36		¥2,000.00	
4		=B2/12		¥2,500.00	
5				¥3,000.00	
6		=−FV(B2,B3,D2)		¥3,500.00	
7				¥4,000.00	

图6-84

选择D2:E7单元格区域，选择"数据"→"模拟分析"→"模拟运算表"选项，在打开的"模拟运算表"对话框中，设置要引用的单元格，单击"确定"按钮，即可计算出其他存款总额，如图6-85所示。

图6-85

（2）双变量模拟运算表

双变量模拟运算表可以在其他参数不变的条件下，分析两个参数的变化对目标值的影响。

例如，计算在年利率和贷款年限同时发生变化时，每月的还款数额是多少。

创建基础表格，并利用函数计算出"每月还款额"，如图6-86所示。

	A	B	C	D	E	F	G	H
1	贷款总额	¥300,000.00			5.9%	6.0%	6.1%	6.2%
2	年利率	6.3%		10				
3	贷款年限	30		15				
4	每月还款额	¥1,856.92		20				
5				25				
6	=-PMT(B2/12,B3*12,B1)			30				

图6-86

选择D1单元格，输入公式"=B4"，引用B4单元格的数据，如图6-87所示。

选中D1:H6单元格区域，打开"模拟运算表"对话框，在此设置

	A	B	C	D	E
1	贷款总额	¥300,000.00		¥1,856.92	5.9%
2	年利率	6.3%		10	
3	贷款年限	30		15	=B4
4	每月还款额	¥1,856.92		20	
5				25	
6				30	

图6-87

单元格的引用，如图6-88所示。

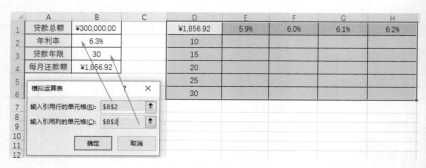

图6-88

单击"确定"按钮，可以看到选中的区域中已经计算出了不同年利率和不同贷款年限下每月的还款金额，如图6-89所示。

	A	B	C	D	E	F	G	H
1	贷款总额	¥300,000.00		¥1,856.92	5.9%	6.0%	6.1%	6.2%
2	年利率	6.3%		10	¥3,315.57	¥3,330.62	¥3,345.70	¥3,360.83
3	贷款年限	30		15	¥2,515.39	¥2,531.57	¥2,547.81	¥2,564.10
4	每月还款额	¥1,856.92		20	¥2,132.02	¥2,149.29	¥2,166.64	¥2,184.05
5				25	¥1,914.61	¥1,932.90	¥1,951.28	¥1,969.75
6				30	¥1,779.41	¥1,798.65	¥1,817.98	¥1,837.41

图6-89

扫码观看
本章视频

第 7 章

数据的
智能运算

Excel公式和函数能够快速对复杂的数据做出计算，灵活地运用公式和函数来处理数据，对提高工作效率会有很大的帮助。本章将对Excel公式与函数的基础应用以及常用的函数类型进行详细介绍。

7.1 公式与函数的基础入门

公式是一种对工作表中的数据进行计算的等式，也是一种数学运算式。函数是预先编写的公式，可以对一个或多个值执行运算，并返回一个或多个值。本节将对公式与函数的基础知识进行介绍。

7.1.1 初识公式

公式是以等号开头，能自动计算出结果的算式，如图7-1所示。

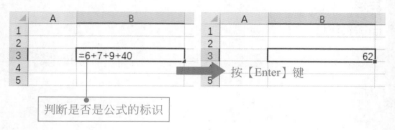

图7-1

它与数学公式很像，其区别在于等号位置的不同。数学公式的等号显示在最后，而Excel公式则将等号显示在最前面。此外，数学公式不能实现自动计算，而Excel公式只需按【Enter】键就能得出计算结果，如图7-2所示。

	A	B	C
1			
2		数学公式	10+11+12+13+14=
3		Excel公式	=10+11+12+13+14
4			

等号在后，并以文本的形式显示，只能手动计算

等号在前，按【Enter】键得出结果

图7-2

以上列举的是公式最基本的形式，而实际工作中所遇到的公式，其形式要复杂一些。它通常由等号、函数、括号、单元格引用、常量、逻辑值、运算符等元素构成，其中常量可以是数字、文本或符号等，如图7-3所示。

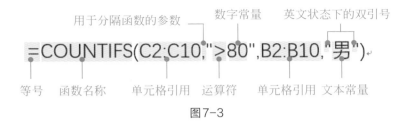

图7-3

Excel公式运算规律与数学公式相同，先乘除，后加减；如果遇到括号，那么就先计算括号内的；同一等级的运算则是从左往右计算。

7.1.2 了解函数的结构及类型

函数是Excel内置的一种计算规则，它可以简化和缩短复杂公式。例如在对某单元格区域进行求和运算时，用求和函数就比用普通公式快得多，如图7-4所示。

图7-4

函数是由函数名称和参数两部分组成，函数本身就是一个预定的公式，它们使用参数按照特定的顺序或结构进行计算，如图7-5所示。函数不能单独使用，它需要在公式中才能发挥真正的作用，所以公式与函数之间的关系密不可分。

所有参数必须在括号里输入，每个参数用逗号隔开

=SUMIF($B$2:$B$16,H6,$F$2:$F$16)

等号 函数名称　　参数1　　参数2　　参数3

图7-5

Excel 函数的种类多达400多种，而常用的函数类型包括查找与引用函数、数学和三角函数、统计函数、文本函数、日期和时间函数、逻辑函数、财务函数等。用户可在"公式"选项卡中查看到这些函数类型。单击某类函数下拉按钮，在其列表中会显示出该类所有的函数，将光标移至某函数上，可查看到函数的语法及作用，如图7-6所示。

图7-6

7.1.3 快速准确地输入公式

在输入公式时，如果是纯手动输入公式的话，那么势必会影响后期用公式进行批量处理。这里建议用户使用引用单元格的方法进行公式输入，如图7-7所示。

	A	B	C	D	E
1	日期	销售商品	销售数量	销售单价	销售金额
2	2021/5/2	帽子	10	¥50.00	=10*50
3	2021/5/2	沙滩凉鞋	20	¥80.00	
4	2021/5/3	运动服	10	¥90.00	
5	2021/5/3	运动服	5	¥180.00	
6	2021/5/5	阔腿裤	10	¥150.00	
7	2021/5/5	休闲鞋	50	¥60.00	
8	2021/5/5	休闲凉鞋	40	¥55.00	
9	2021/5/11	运动凉鞋	5	¥60.00	

销售金额
¥500.00
¥500.00
¥500.00
¥500.00
¥500.00
¥500.00
¥500.00
¥500.00

纯手动输入自动填充结果

	A	B	C	D	E
1	日期	销售商品	销售数量	销售单价	销售金额
2	2021/5/2	帽子	10	¥50.00	=C2*D2
3	2021/5/2	沙滩凉鞋	20	¥80.00	
4	2021/5/3	运动服	10	¥90.00	
5	2021/5/3	运动服	5	¥180.00	
6	2021/5/5	阔腿裤	10	¥150.00	
7	2021/5/5	休闲鞋	50	¥60.00	
8	2021/5/5	休闲凉鞋	40	¥55.00	
9	2021/5/11	运动凉鞋	5	¥60.00	

销售金额
¥500.00
¥1,600.00
¥900.00
¥900.00
¥1,500.00
¥3,000.00
¥2,200.00
¥300.00

引用单元格输入自动填充结果

图7-7

纯手动输入公式是一次性的，在进行同类计算时需要重复输入公式，错误率高，效率低，要对其中的数据进行更改，又需要重新修改公式，所以这种方法不建议使用。

而使用引用单元格输入的公式，可以对该公式进行批量复制，而所引用的单元格会随着公式位置自动发生变化。如果引用的单元格数据发生了变化，公式会随之自动更新并重新计算，方便快捷，如图7-8所示。

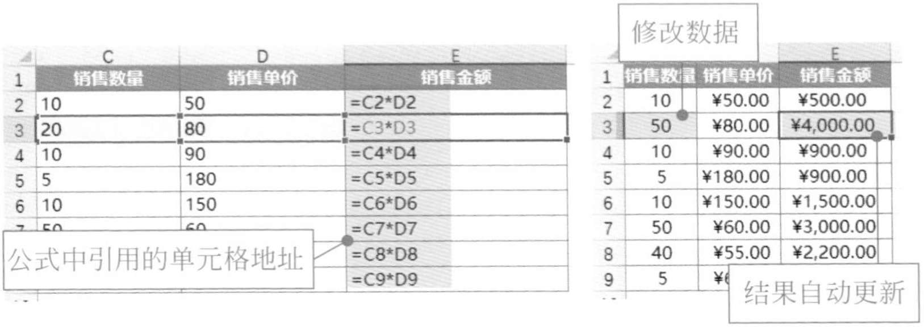

图7-8

下面介绍一下引用单元格来输入公式的方法。

定位至结果单元格中，先输入"="，然后选中要引用的单元格，公式中会显示出该单元格地址。继续输入运算符"*"，并选中参与计算的第2个单元格，此时，系统会自动使用不同颜色来区分各单元格地址，按【Enter】键完成计算，如图7-9所示。

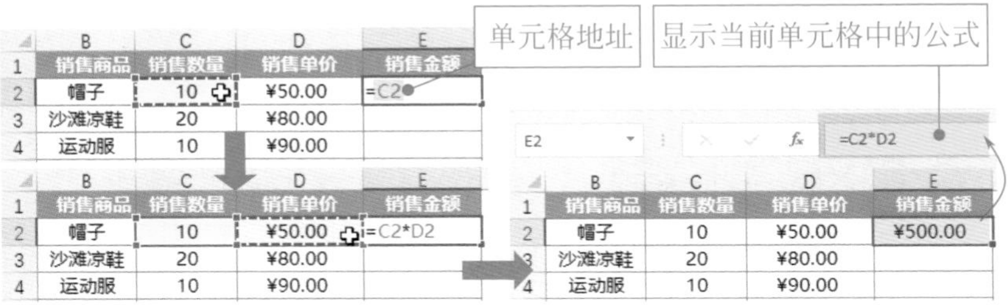

图7-9

当遇见无法直接选中所要引用的单元格时，用户也可以手动输入该单元格地址，该方式具有同等效果。

以上是引用单个单元格，如果需要引用某个单元格区域的话，只需拖拽鼠标框选该区域即可，如图 7-10 所示。

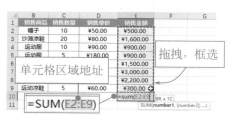

图 7-10

输入一次公式后，可使用填充或复制功能，将该公式批量应用至其他结果单元格中，其方法与填充序列的方法相同，如图 7-11 所示。

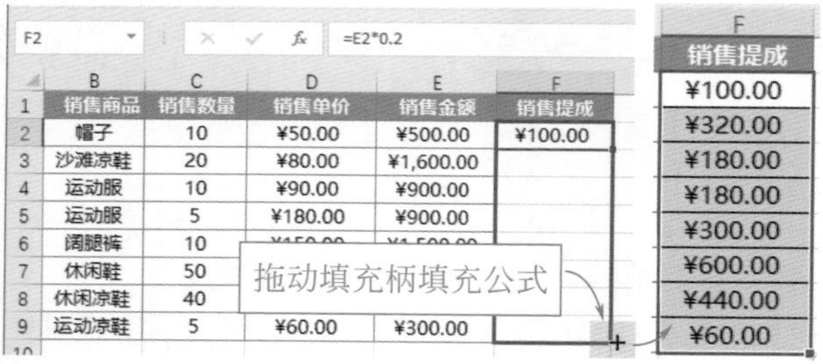

图 7-11

如需在不相邻的区域使用该公式，可使用复制公式的方法进行计算，如图 7-12 所示。

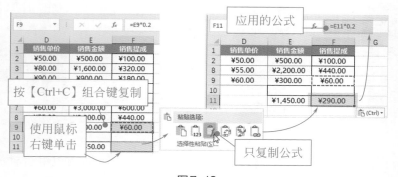

图 7-12

7.1.4 函数的快速输入

Excel中函数的输入方法有3种，分别为手动输入、利用函数库插入和利用"插入函数"对话框插入。下面将对这3种方法进行简单介绍。

（1）手动输入函数

对于一些基本函数，例如求和、最大/最小值函数等，结构比较简单，其函数名称也比较容易记住，用户只需手动输入即可，如图7-13所示。

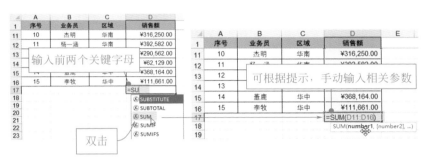

图7-13

（2）利用函数库插入函数

在"公式"选项卡中选择所需公式类型，在打开的"函数参数"对话框中根据提示，设置好参数后，单击"确定"按钮，即可完成计算，如图7-14所示。

图7-14

（3）利用"插入函数"对话框插入函数

选择"公式"→"插入函数"按钮，在"插入函数"对话框中选择好函数类型及具体函数名，单击"确定"按钮，在打开的"函数参数"对话框中设置好参数，如图7-15所示。

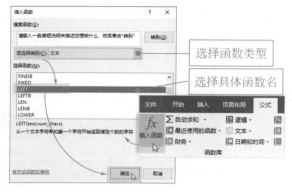

图7-15

7.1.5　三种单元格引用的形式

单元格引用是公式与函数比较重要的组成部分，它可分为相对引用、绝对引用及混合引用三种形式。不同的引用形式，得出的计算结果也不同。

（1）相对引用

相对引用形式为"=A1"，选中单元格所得到的引用为相对引用。例如，在A4单元格中输入公式"=A1"，它会引用A1单元格内容，并显示为"1"，如图7-16所示。将A4单元格公式横向填充至E4单元格中，发现其引用单元格发生了相应的变化，如图7-17所示。

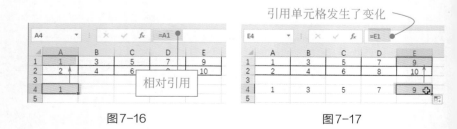

图7-16　　　　　　　　　　图7-17

所以在使用相对引用时，单元格地址会随着公式位置的变化自动发生变化。

（2）绝对引用

绝对引用的单元格不会随着公式位置的移动发生变化。绝对引用的标志是"$"符号，它的引用形式为"=$A$1"，如图7-18所示。

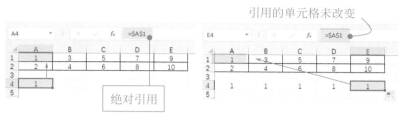

图7-18

（3）混合引用

混合引用的形式为"=A$1"和"=$A1"。"=A$1"是在行号之前添加"$"符号，即对行使用绝对引用，而对列则使用相对引用，如图7-19所示。而"=$A1"这种形式则表示绝对列相对行的混合引用，在公式发生移位时，列的引用不变，而行的引用会发生变化，如图7-20所示。

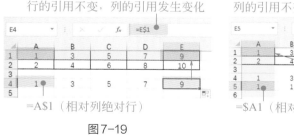

图7-19

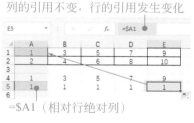

图7-20

7.1.6 检查错误公式

在使用公式计算时，出现错误值是在所难免的。此时用户不必担忧，只需按照错误值类型，再次细心地检查一下公式，就会发现错误原因并纠正。常见的错误值类型及产生的原因见表7-1。

表7-1

错误值类型	错误值产生的原因
#DIV/0	除以0，或者在除法公式中将分母指定为空白单元格
#NAME?	利用不能定义的名称，或者名称输入错误，或文本没有加双引号
#VALUE!	参数的数据格式错误，或者函数中使用的变量或参数类型错误
#REF!	公式中引用了无效的单元格
#N/A	参数中没有输入必需的数值，或者查找与引用函数中没有匹配检索的数据
#NUM!	参数中指定的数值过大或过小，函数不能计算正确的答案
#NULL!	根据引用运算符指定公用区域的两个单元格区域，但公用区域不存在

当出现错误公式时，用户可使用"公式审核"功能来对该公式进行审核。单击"公式"→"错误检查"按钮，打开"错误检查"对话框，在此会显示出错误公式所在的位置以及错误原因。用户可以针对其原因，通过单击"在编辑栏中编辑"按钮来纠正错误。如果确认公式正确，可单击"忽略错误"按钮，如图7-21所示。

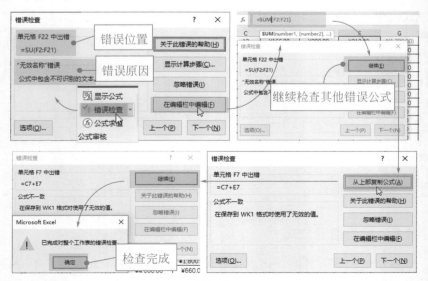

图7-21

7.1.7　数组公式的创建及编辑

使用数组公式可以对一组或多组数据同时进行计算，并一次性返回一个或多个计算结果。数组公式用"{ }"来表示，此外数组中的每个参数之间需要使用英文状态下的逗号或者分号进行分隔。常见的形式为"{1,6,15,18,3,34}"，或者"{1;6;15;18;3;34}"。其中用逗号分隔的数组称为水平数组，用分号分隔的数组称为垂直数组，如图7-22所示。

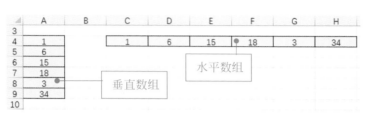

图7-22

下面将以计算出商品销售总金额为例，来介绍数组公式的实际应用，如图7-23所示。

将光标定位至F42单元格中，直接输入求和公式"=SUM(E2:E41*F2:F41)"，按【Ctrl+Shift+Enter】组合键即可完成计算，如图7-24所示。

图7-23

按【Ctrl+Shift+Enter】组合键，系统将自动视其为数组公式，并添加"{}"

{=SUM(E2:E41*F2:F41)}

图7-24

数组公式不能像普通公式那样单独对某一个公式进行修改，只能在修改完毕后再按一次【Ctrl+Shift+Enter】组合键进行确认。如果只按【Enter】键，则会打开警告对话框，提示无法进行更改操作。

7.2　常见函数的应用

本小节将对工作中常见函数的应用进行介绍，其中包含查找函数、逻辑函数、统计函数、文本和日期函数等。

7.2.1　数据查询找VLOOKUP

查找函数可以根据指定的关键字从数据表中查找需要的值，也可识别单元格位置或表的大小等。下面就以使用频率很高的VLOOKUP函数的应用为例来进行介绍。

VLOOKUP(Lookup_value,Table_array,Col_index_num,Range_lookup)

| 查找值 | 数据范围 | 返回列序数 | 匹配条件 |

例如，使用VLOOKUP函数从"图书借阅统计"中查询出"从总账到总监"图书的借阅情况，如图7-25所示。

选 中H2结果单元格，输 入 公 式 "=VLOOKUP(G2, B2: E17, 4, FALSE)"，按【Enter】键即可返回查询结果，如图7-26所示。

	A	B	C	D	E
1	类别	书名	入库	借出	剩余
2	小说	文城	10	3	7
3	小说	平凡的世界	10	5	5
4	小说	百年孤独	10	4	6
5	文学	沉默的大多数	6	4	2
6	文学	一切境	6	2	4
7	传记	毛泽东传	4	3	1
8	传记	曾国藩传	4	4	0
9	科学	探索科学百科丛书	20	16	4
10	科学	身边亲近的化学系	20	9	11
11	经管	经济学究竟是什么	12	3	9
12	经管	从总账到总监	10	9	1
13	经管	跨界力	10	3	7
14	经管	流量制造	4	0	4
15	社科	史记	10	6	4
16	社科	哲学简史	8	3	5
17	社科	法治的细节	6	0	6

图7-25

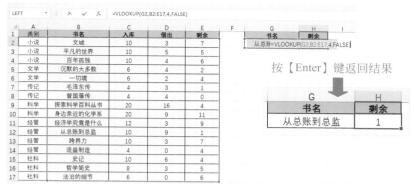

图7-26

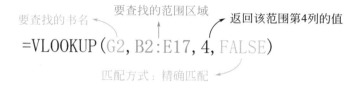

7.2.2 用IF函数执行逻辑判断

IF函数是Excel中常用的函数之一，它可以对指定值与期待值进行比较，并返回逻辑判断结果。其返回结果有两种可能：一种是TRUE；另一种是FALSE。

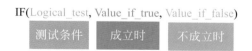

根据逻辑式判断指定条件，如果条件成立，返回真条件下的指定内容；如果条件不成立，则返回假条件下的指定内容；如果在真、假条件中指定了公式，则根据逻辑式的判定结果进行各种计算；如果在真、假条件中指定了加双引号的文本，则返回文本值；如果只处理真或假中的任一条件，可以省略不处理该条件的参数，此时单元格内返回0。

例如，利用IF函数来判断以下销售人员的业绩是否达标。判断条件：销售额大于10万达标，小于10万则未达标，如图7-27所示。

选中E2结果单元格，输入公式“=IF(D2>100000,"达标","未达标")”，按【Enter】键得出结果，并将其填充至E16单元格中，如图7-28所示。

	A	B	C	D	E
1	序号	业务员	区域	销售额	是否达标
2	1	刘思明	华北	¥91,518.00	
3	2	宋清风	华北	¥315,126.00	
4	3	牛敏	华北	¥279,834.00	
5	4	常尚霞	华东	¥77,857.00	
6	5	李华华	华东	¥369,845.00	
7	6	吴子乐	华东	¥249,889.00	
8	7	狄尔	华东	¥97,313.00	
9	8	英豪	华东	¥361,933.00	
10	9	叶小倩	华南	¥423,191.00	
11	10	杰明	华南	¥316,250.00	
12	11	杨一涵	华南	¥392,582.00	
13	12	郝爱国	华南	¥290,562.00	
14	13	肖央	华南	¥62,129.00	
15	14	董鹿	华中	¥368,164.00	
16	15	李牧	华中	¥111,661.00	

图7-27

E2 =IF(D2>100000,"达标","未达标")

	A	B	C	D	E
1	序号	业务员	区域	销售额	是否达标
2	1	刘思明	华北	¥91,518.00	未达标
3	2	宋清风	华北	¥315,126.00	
4	3	牛敏	华北	¥279,834.00	

	A	B	C	D	E
1	序号	业务员	区域	销售额	是否达标
2	1	刘思明	华北	¥91,518.00	未达标
3	2	宋清风	华北	¥315,126.00	达标
4	3	牛敏	华北	¥279,834.00	达标
5	4	常尚霞	华东	¥77,857.00	未达标
6	5	李华华	华东	¥369,845.00	达标
7	6	吴子乐	华东	¥249,889.00	达标
8	7	狄尔	华东	¥97,313.00	未达标
9	8	英豪	华东	¥361,933.00	达标
10	9	叶小倩	华南	¥423,191.00	达标
11	10	杰明	华南	¥316,250.00	达标
12	11	杨一涵	华南	¥392,582.00	达标
13	12	郝爱国	华南	¥290,562.00	达标
14	13	肖央	华南	¥62,129.00	未达标
15	14	董鹿	华中	¥368,164.00	达标
16	15	李牧	华中	¥111,661.00	达标

图7-28

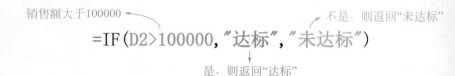

销售额大于100000

不是，则返回“未达标”

=IF(D2>100000,"达标","未达标")

是，则返回“达标”

7.2.3 SUMIF只对符合条件的值求和

SUMIF函数用于对指定区域中符合某个特定条件的值求和。

SUMIF(range, criteria, sum_range)

匹配条件区域 逻辑条件 求和区域

例如，利用SUMIF函数计算出各部门的工资合计，如图7-29所示。

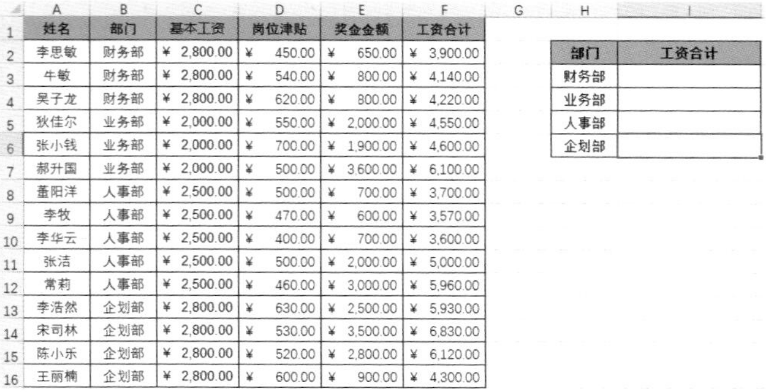

图7-29

选中I3结果单元格，输入公式"=SUMIF($B$2: $B$16, H3, $F$2: $F$16)"，按【Enter】键得出"财务部"合计工资。然后将该公式填充至I6单元格，即可完成其他部门的工资合计，如图7-30所示。

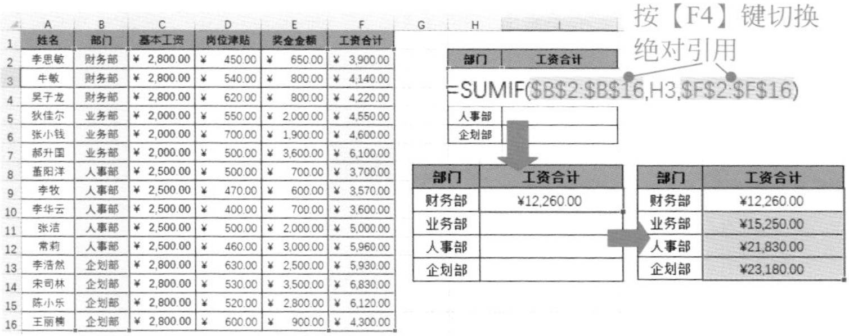

图7-30

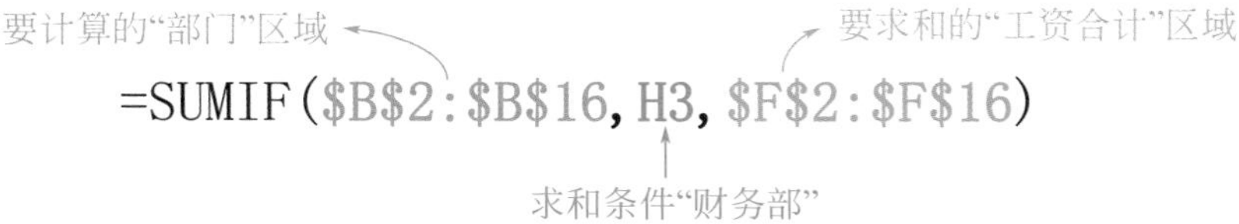

要计算的"部门"区域 ← → 要求和的"工资合计"区域

$$=SUMIF(\$B\$2:\$B\$16, H3, \$F\$2:\$F\$16)$$

求和条件"财务部"

7.2.4 COUNTIF统计符合条件的单元格数目

COUNTIF函数用于在选择的范围内求与检索条件一致的单元格个数。

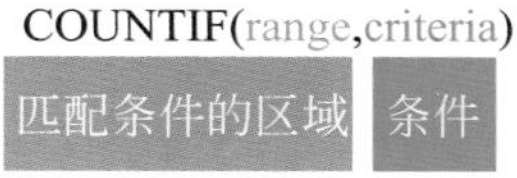

COUNTIF(range,criteria)

匹配条件的区域 条件

例如，使用COUNTF函数统计出"销售额>250000元的人数"，如图7-31所示。

选择D17结果单元格，输入公式"=COUNTIF(D2: D16, ">250000")"，按【Enter】键，即可统计出符合条件的单元格数目，如图7-32所示。

(!) 注意事项

当设置的条件为手动输入的常量时，必须添加英文状态下的双引号。

	A	B	C	D
1	序号	业务员	区域	销售额
2	1	刘思明	华北	¥91,518.00
3	2	宋清风	华北	¥315,126.00
4	3	牛敏	华北	¥279,834.00
5	4	常尚霞	华东	¥77,857.00
6	5	李华华	华东	¥369,845.00
7	6	吴子乐	华东	¥249,889.00
8	7	狄尔	华东	¥97,313.00
9	8	英豪	华东	¥361,933.00
10	9	叶小倩	华南	¥423,191.00
11	10	杰明	华南	¥316,250.00
12	11	杨一涵	华南	¥392,582.00
13	12	都爱国	华南	¥290,562.00
14	13	肖央	华中	¥62,129.00
15	14	董鹿	华中	¥368,164.00
16	15	李牧	华中	¥111,661.00
17	销售额>250000元的人数			

图7-31

	A	B	C	D	E	F
1	序号	业务员	区域	销售额		
2	1	刘思明	华北	¥91,518.00		
3	2	宋清风	华北	¥315,126.00		
4	3	牛敏	华北	¥279,834.00		
5	4	常尚霞	华东	¥77,857.00		
6	5	李华华	华东	¥369,845.00		
7	6	吴子乐	华东	¥249,889.00		
8	7	狄尔	华东	¥97,313.00		
9	8	英豪	华东	¥361,933.00		
10	9	叶小倩	华南	¥423,191.00		
11	10	杰明	华南	¥316,250.00		
12	11	杨一涵	华南	¥392,582.00		
13	12	都爱国	华南	¥290,562.00		
14	13	肖央	华南	¥62,129.00		
15	14	董鹿	华中	¥368,164.00		
16	15	李牧	华中	¥111,661.00		
17	销售额>250000元的人数					

15	14	董鹿	华中	¥368,164.00
16	15	李牧	华中	¥111,661.00
17	销售额>250000元的人数			9

按【Enter】键

=COUNTIF(D2:D16,">250000")

图7-32

指定要参与计算的"销售额"区域

$$=COUNTIF(D2:D16, ">250000")$$

设置的条件，并添加英文双引号

7.2.5　RANK为数据排名

RANK函数用于求指定数值在一组数值中的排位。默认是从大到小降序排序，数据越大，排名就越靠前。

RANK(number,ref,order)

数据　数据所在的区域　排位方式

例如，利用RANK函数对员工的“销售金额”进行升序排名，如图7-33所示。

	A	B	C	D	E	F	G
1							
2		销售员	商品名称	数量	销售单价	销售金额	销售提成
3		卫小玲	商品A	47	¥200.00	¥9,400.00	¥2,820.00
4		章明明	商品B	63	¥450.00	¥28,350.00	¥8,505.00
5		宋子瑜	商品C	32	¥300.00	¥9,600.00	¥2,880.00
6		陈岩	商品D	44	¥260.00	¥11,440.00	¥3,432.00
7		王一敏	商品E	60	¥710.00	¥42,600.00	¥12,780.00
8		陈立然	商品F	90	¥230.00	¥20,700.00	¥6,210.00
9		赵小幕	商品G	45	¥600.00	¥27,000.00	¥8,100.00
10		常容	商品H	56	¥430.00	¥24,080.00	¥7,224.00
11		韩子高	商品I	52	¥200.00	¥10,400.00	¥3,120.00
12		杨聪子	商品J	75	¥600.00	¥45,000.00	¥13,500.00
13		王云溪	商品K	63	¥400.00	¥25,200.00	¥7,560.00
14		杨丽华	商品L	85	¥300.00	¥25,500.00	¥7,650.00
15		李正肖	商品M	67	¥410.00	¥27,470.00	¥8,241.00
16		李予静	商品N	54	¥230.00	¥12,420.00	¥3,726.00
17		陈意	商品O	61	¥220.00	¥13,420.00	¥4,026.00

图7-33

选择H3单元格，输入公式“=RANK(F3, $F$3: $F$17, 1)”，按Enter】键得出第1个排序结果。将该公式向下填充至H17单元格，可完成其他人员的排序情况，如图7-34所示。

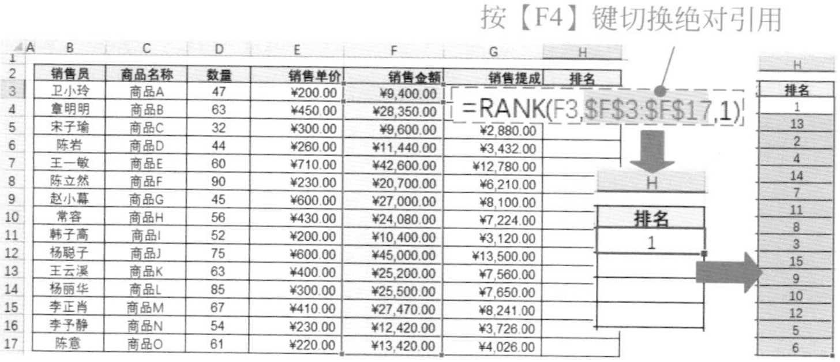

图7-34

指定要参与排名的数值单元格

指定要排名的“销售金额”区域

=RANK(F3, $F$3:$F$17, 1)

“1”为升序排名；“0”为降序排名；默认为降序

7.2.6 LEFT从指定位置提取字符

LEFT 函数是从文本字符串左侧第一个字符开始返回指定个数的字符，不区分全角和半角字符，句号或逗号和空格作为一个字符。

LEFT(text,num_chars)

指定字符串　字符个数

例如，利用LEFT函数提取"收货地区"中的省份名称，如图7-35所示。

图7-35

选中C2结果单元格，并输入公式"=LEFT(B2, 3)"，按【Enter】键，可提取B2单元格中的省份信息。将该公式向下填充至C14单元格中，即可完成其他省份的提取操作，如图7-36所示。

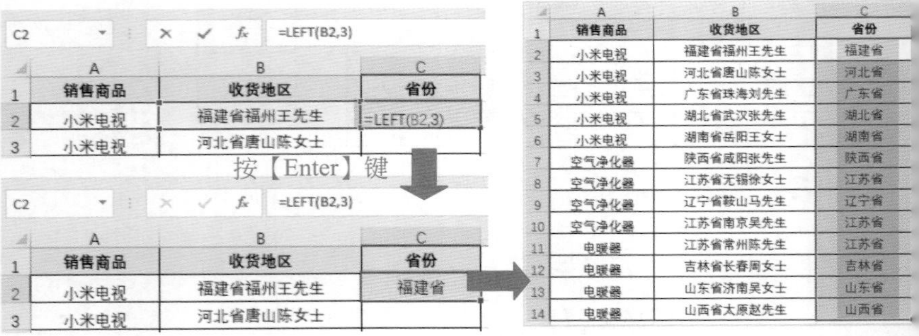

图7-36

指定要提取的文本单元格 → 　　 ← 指定提取3个字符

$$=\text{LEFT}(B2, 3)$$

如果省份字符长度不一样，例如黑龙江省是由4个字符组成。这种情况可以利用LEFT函数+FIND函数来解决，如图7-37所示。用户可先用FIND函数将"省"的位置计算出来，然后再使用LEFT函数提取文本。

选择C2结果单元格，输入公式"=LEFT(B2,FIND("省", B2))"，按【Enter】键，将公式填充至C14单元格，即可完成所有省份的提取操作，如图7-38所示。

	A	B
1	销售商品	收货地区
2	小米电视	福建省福州王先生
3	小米电视	河北省唐山陈女士
4	小米电视	广东省珠海刘先生
5	小米电视	黑龙江省佳木斯张先生
6	小米电视	湖南省岳阳王女士
7	空气净化器	陕西省咸阳张先生
8	空气净化器	江苏省无锡徐女士
9	空气净化器	黑龙江省鸡西马先生
10	空气净化器	江苏省南京吴先生
11	电暖器	江苏省常州陈先生
12	电暖器	吉林省长春周女士
13	电暖器	黑龙江省哈尔滨吴女士
14	电暖器	山西省太原赵先生

图7-37

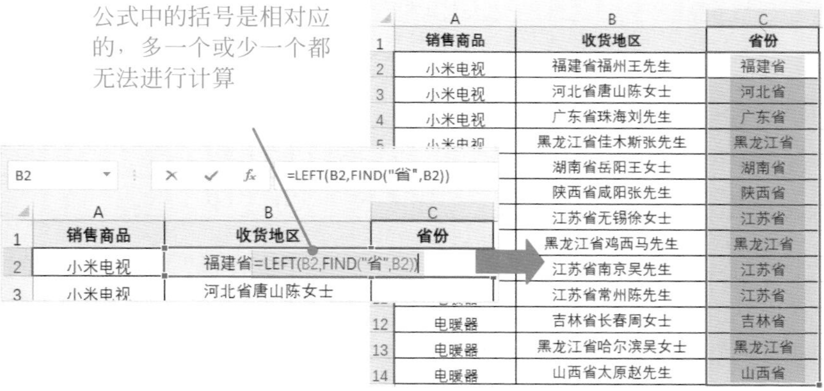

公式中的括号是相对应的，多一个或少一个都无法进行计算

	A	B	C
1	销售商品	收货地区	省份
2	小米电视	福建省福州王先生	福建省
3	小米电视	河北省唐山陈女士	河北省
4	小米电视	广东省珠海刘先生	广东省
5	小米电视	黑龙江省佳木斯张先生	黑龙江省
		湖南省岳阳王女士	湖南省
		陕西省咸阳张先生	陕西省
		江苏省无锡徐女士	江苏省
		黑龙江省鸡西马先生	黑龙江省
		江苏省南京吴先生	江苏省
		江苏省常州陈先生	江苏省
12	电暖器	吉林省长春周女士	吉林省
13	电暖器	黑龙江省哈尔滨吴女士	黑龙江省
14	电暖器	山西省太原赵先生	山西省

B2　｜×✓ fx　=LEFT(B2,FIND("省",B2))

	A	B	C
1	销售商品	收货地区	省份
2	小米电视	福建省=LEFT(B2,FIND("省",B2)	
3	小米电视	河北省唐山陈女士	

图7-38

返回一个字符串出现在另一个字符串中的起始位置

$$=\text{LEFT}(B2, \textbf{FIND}(\text{"省"}, B2))$$

指定要查找的关键字 ↗　　　被查找的字符所在单元格

知识链接

提取文本所使用的函数除 LEFT 外，常用的还有 MIND 函数和 RIGHT 函数两种。其中 MIND 函数主要用于从字符串中指定位置起提取指定数量的字符，例如，从身份证中提取出生日期等。而 RIGHT 函数主要用于从字符串最右侧第一个字符开始提取指定数量的字符，它与 LEFT 函数正好相反，用法是相似的。

7.2.7 DATEDIF 求日期的间隔天数

DATEDIF 函数用于计算两个日期之间的日数、月数或年数。该函数是一个隐藏函数，需要手动输入。

DATEDIF(start_date, end_date, unit)

起始日期　结束日期　比较单位

其中，"unit"参数的设置方法以及符号所代表的含义如表 7-2 所示。

表 7-2

unit 参数	含义
"Y"	计算两个日期间隔的整年数
"M"	计算两个日期间隔的整月数
"D"	计算两个日期间隔的整日数
"YM"	计算不到一年的月数
"YD"	计算不到一年的日数
"MD"	计算不到一个月的日数

例如，利用 DATEDIF 函数根据项目的"开始时间"和"结束时间"，计算出执行的天数。选中 E2 结果单元格，输入公式"=DATEDIF(C2, D2, "D")"，按【Enter】键，计算出 E2 单元格的天数，将公式填充至 E9 单元格中，计算出其他项目的"执行天数"，如图 7-39 所示。

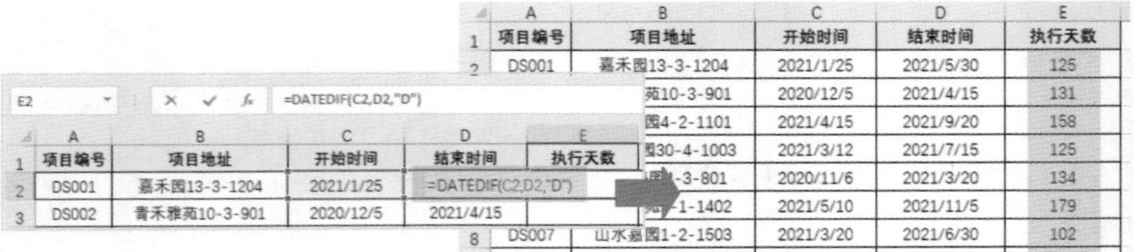

图 7-39

指定"开始时间"单元格　　　指定"结束时间"单元格

$$=DATEDIF(C2, D2, "D")$$

指定计算的"天数"

7.3　函数在人力资源行业中的应用

员工考勤、人事资料的统计与管理、职位的晋升等都属于人力资源领域，常使用的函数也很多，例如文本提取类函数、日期和时间函数、统计类函数等。本节将对这些函数的应用进行简单介绍。

7.3.1　判断新进人员考核项目是否通过

新入职人员在正式录用前需要进行一次考核，只有通过者方可转正。下面将根据员工考核成绩来判断是否要正式录用。判断条件：当"员工手册"大于等于90分，"沟通能力"大于等于80分，"抗压能力"大于等于70分，"问题解决能力"大于等于70分，"软件应用能力"大于等于80分时，判断为"达标"；否则，判断为"不达标"，如图7-40所示。

	A	B	C	D	E	F	G	H
	工号	员工姓名	员工手册	沟通能力	抗压能力	问题解决能力	软件应用能力	是否达标
2	SQ001	刘思明	95	83	86	72	90	达标
3	SQ002	宋清风	91	79	79	75	84	不达标
4	SQ003	牛敏	86	84	81	73	88	不达标
5	SQ004	叶小倩	90	81	74	84	81	达标
6	SQ005	杰明	93	71	61	70	92	不达标
7	SQ006	杨一涵	81	85	76	73	91	不达标
8	SQ007	郝爱国	90	86	78	76	84	达标
9	SQ008	肖央	94	74	78	71	92	不达标
10	SQ009	常尚霞	82	83	79	69	84	不达标
11	SQ010	李华华	96	73	84	72	95	不达标
12	SQ011	吴子乐	96	83	82	81	91	达标
13	SQ012	狄尔	91	90	84	83	86	达标
14	SQ013	英豪	90	73	71	67	85	不达标
15	SQ014	董鹿	84	81	79	83	90	不达标

H2 　fx =IF(AND(C2>=90,D2>=80,E2>=70,F2>=70,G2>=80),"达标","不达标")

图7-40

本例可用AND函数+IF函数进行计算。先通过AND函数进行判断，返回的结果只有TRUE和FALSE两种，然后再用AND函数作为IF函数第1个参数，根据判断结果返回指定的值。公式解析如下：

利用AND函数进行条件判断 ← 条件成立时，返回"达标" ← 条件不成立时，返回"不达标"

=IF(AND(C2>=90, D2>=80, E2>=70, F2>=70, G2>=80), "达标", "不达标")

其中，AND函数可以判断所有条件是否都成立。如果所有条件都成立，则返回TRUE（真）；如果有一个条件不成立，则返回FALSE(假)。

AND(logical, logical2, logical3···)

判断条件1　判断条件2　判断条件3

7.3.2 查看各项合同是否到期

利用TODAY函数+IF函数能够根据合同签订日期和截止日期，快速判断出各项合同的状态。例如，将最近30天到期的合同以"临近"显示，将已过期的合同以"到期"显示，其他合同则以"正常"显示，如图7-41所示。

D2		fx	=IF((C2-TODAY())<0,"到期",IF((C2-TODAY())<=30,"临近","正常"))			
	A	B	C	D	E	F	G
1	合同编号	签订日期	截止日期	合同状态			
2	DS21030501	2019/4/3	2022/1/15	临近			
3	DS21030502	2019/12/3	2022/3/20	正常			
4	DS21030503	2020/6/5	2022/6/5	正常			
5	DS21030504	2020/7/12	2021/1/30	到期			
6	DS21030505	2020/9/20	2021/9/20	到期			
7	DS21030506	2020/10/23	2022/2/1	正常			
8	DS21030507	2021/4/3	2022/4/3	正常			
9	DS21030508	2021/7/15	2021/12/30	到期			

图7-41

TODAY 函数可以返回系统当前日期。输入公式"=TODAY()"后，按【Enter】键，如图7-42所示。

图7-42

TODAY 函数没有参数，但输入函数名称时后面的一对括号不能省略。若在括号中输入任何参数，都会返回错误值。

本例公式用合同截止日期减去当前日期，返回相差的天数，然后用IF函数对相差的天数进行判断。当相差天数小于0时，返回"到期"；当相差天数大于0时，且小于等于30时，返回"临近"；剩余的返回"正常"。公式解析如下：

签订日期-当前日期，若天数为负数，则返回"到期"

=IF((C2-TODAY())<0,"到期", IF((C2-TODAY())<=30,"临近","正常"))

签订日期-当前日期，若天数小于等于30，则返回"临近"

签订日期-当前日期，若天数为其他值，则返回"正常"

7.3.3 根据员工性别和年龄判断是否退休

利用OR函数和AND函数可以根据员工性别和年龄来判断员工是否为退休状态。例如，男员工的退休年龄为65岁，女员工的退休年龄为60岁，下面就来判断员工们是否已退休，如图7-43所示。

| | D2 | ▼ | ⋮ | × | ✓ | fx | =IF(OR(AND(B2="男",C2>=65),AND(B2="女",C2>=60)),"已退","未退") |

▲	A	B	C	D	E	F	G	H
1	员工姓名	性别	年龄	退休状态				
2	陈力阳	男	65	已退				
3	吴晨	女	58	未退				
4	王玉冉	女	62	已退				
5	李力	男	53	未退				
6	李新容	男	57	未退				
7	张美娟	女	65	已退				
8	陈向飞	男	51	未退				
9	章菊花	女	59	未退				
10	刘心力	男	66	已退				

图7-43

用AND函数判断"男性""大于等于65岁"这两个条件是否同时成立，然后再判断"女性""大于等于60岁"这两个条件是否同时成立，最后用OR函数从AND函数的两次判断中取值。只要AND函数的两次判断中有一个返回TRUE，则公式返回TRUE；否则，公式返回FALSE。

OR(logical1, logical2, ⋯)

判断条件1　判断条件2

OR函数可以检查参数中是否有一个TRUE，只要有一个TRUE，公式便会返回TRUE，只有所有参数全部为FALSE，公式才返回FALSE。

判断条件1：男性员工，
年龄需大于等于65　　　　　　判断条件2：女性员工，
　　　　　　　　　　　　　年龄需大于等于60

=OR(AND(B2="男", C2>=65), AND(B2="女", C2>=60))

要将OR函数返回的"TRUE"和"FALSE"两个逻辑值替换为"已退"和"未退"，就需要在原来的公式中嵌套IF函数。

判断的条件　　　　　当判断为"TRUE"时，显示"已退"

=IF(OR(AND(B2="男", C2>=65), AND(B2="女", C2>=60)), "已退", "未退")

当判断为"FALSE"时，为"未退"

7.3.4 根据员工身份证号提取出生日期

从身份证号码中可以提取出很多个人信息，例如，户籍、出生年月、性别等。提取这些信息的方法有很多，下面将以MID函数+TEXT函数为例，根据员工的身份证号提取出生日期，如图7-44所示。

E2			fx	=--TEXT(MID(D2,7,8),"0-00-00")	
	A	B	C	D	E	F
1	工号	员工姓名	性别	身份证号	出生年月	所属部门
2	SQ001	刘思明	男	380000198904150***	1989年4月15日	生产管理部
3	SQ002	宋清风	男	391000199510260***	1995年10月26日	生产管理部
4	SQ003	牛敏	女	390000198312060***	1983年12月6日	采购部
5	SQ004	叶小倩	女	380000198603100***	1986年3月10日	采购部
6	SQ005	杰明	男	380000199106140***	1991年6月14日	生产管理部
7	SQ006	杨一涵	男	390000199509150***	1995年9月15日	生产管理部
8	SQ007	郝爱国	男	440000199612040***	1996年12月4日	质量管理部
9	SQ008	肖央	男	450000199311020***	1993年11月2日	采购部
10	SQ009	常尚霞	女	440000199004020***	1990年4月2日	采购部
11	SQ010	李华华	男	380000198711010***	1987年11月1日	生产管理部
12	SQ011	吴子乐	男	390000198808120***	1988年8月12日	生产管理部
13	SQ012	狄尔	女	440000199305160***	1993年5月16日	财务部

图7-44

先使用MID函数提取"出生年月"数值，如图7-45所示。

E2			fx	=MID(D2,7,8)	
	A	B	C	D	E	F
1	工号	员工姓名	性别	身份证号	出生年月	所属部门
2	SQ001	刘思明	男	380000198904150***	19890415	生产管理部
3	SQ002	宋清风	男	391000199510260***	19951026	生产管理部
4	SQ003	牛敏	女	390000198312060***	19831206	采购部

图7-45

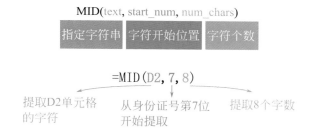

MID(text, start_num, num_chars)

指定字符串　字符开始位置　字符个数

=MID(D2, 7, 8)

提取D2单元格　从身份证号第7位　提取8个字数
的字符　　　　开始提取

这时所提取的"出生年月"数值不是真正的日期格式，需要再用 TEXT函数将其转换成标准日期型数值，如图7-46所示。

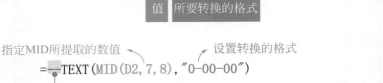

图7-46

TEXT(value, format_text)

　　值　　所要转换的格式

指定MID所提取的数值　　　　　设置转换的格式
= -- TEXT(MID(D2, 7, 8), "0-00-00")

在公式前添加两个负号，表示需将转换的格式更改为标准的日期格式

通过TEXT函数转换后，所有日期数值均以日期代码显示，用户可通过"设置单元格格式"对话框来对其显示方式进行调整，如图7-47所示。

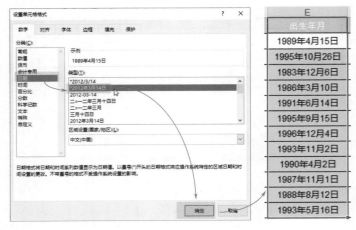

图7-47

知识链接

除在公式前面添加两个负号之外，在公式的最后乘以1，也可将文本型
的数值转换成真正的数字。

7.4 函数在财务管理中的应用

薪资发放、利润计算、金融投资等方面都属于财务领域。本节将针
对财务领域中的一些常用函数进行介绍。

7.4.1 根据员工销售额计算奖金总额

例如，当员工销售额大于等于30万元，则发放2万元奖金，否
则，发放1万元的奖金，现要求计算出需要发放的奖金总数，如图7-48
所示。

	A	B	C	D	E	F
					fx	{=SUM(IF(D2:D11>=300000,20000,10000))}
1	序号	业务员	区域	销售额		奖金总计
2	1	刘思明	华北	¥91,518.00		¥150,000.00
3	2	宋清风	华北	¥315,126.00		
4	3	牛敏	华北	¥279,834.00		
5	4	常尚霞	华东	¥77,857.00		
6	5	李华华	华东	¥369,845.00		
7	6	吴子乐	华东	¥249,889.00		
8	7	狄尔	华东	¥97,313.00		
9	8	英豪	华东	¥361,933.00		
10	9	叶小倩	华南	¥423,191.00		
11	10	杰明	华南	¥316,250.00		

图7-48

通过IF函数根据条件要求，先分别统计出每位业务员的奖金数，
然后再使用SUM函数对这些奖金数进行汇总。需要注意的是，该公式
必须是以数组的形式输入，否则只能计算出"刘思明"的奖金数。

设定的判断条件 → 符合条件，奖金为2万元

$\{=SUM(IF(D2:D11>=300000, 20000, 10000))\}$

不符合条件的，奖金为1万元 ←

→ 对IF函数统计的奖金额进行汇总

按【Ctrl+Shift+Enter】
组合键，转换数组公式

7.4.2 计算员工的工时工资

利用HOUR函数可根据员工的工作时长计算出相应工资数。例如员工每小时的工资为15元（去除1小时午休时间）。现需要计算出每位员工的工时工资数，如图7-49所示。

E2			fx	$=((HOUR(D2-C2)-1)+(MINUTE(D2-C2)/60))*15$
	A	B	C	D	E
1	日期	姓名	开始时间	结束时间	工资
2	2021/5/10	韩佳	9:30	17:30	¥105.00
3	2021/5/10	郑双双	8:30	18:30	¥135.00
4	2021/5/10	张力	9:10	18:30	¥125.00
5	2021/5/10	孙培元	10:30	23:00	¥172.50
6	2021/5/10	林常青	8:20	18:00	¥130.00
7	2021/5/10	王丽云	12:10	22:30	¥140.00
8	2021/5/10	董凡清	9:00	17:30	¥112.50

图7-49

先用HOUR函数计算出员工工作的整小时值，然后再用MINUTE函数计算出不满一小时的分钟数，并将其转换为小时表示，最后相加得出的数值乘以每小时15元的工资即可得出结果。

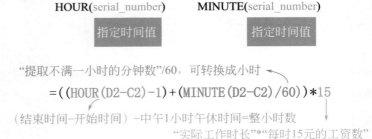

HOUR(serial_number)   MINUTE(serial_number)

指定时间值   指定时间值

"提取不满一小时的分钟数"/60，可转换成小时 ←

$=((HOUR(D2-C2)-1)+(MINUTE(D2-C2)/60))*15$

（结束时间–开始时间）–中午1小时午休时间=整小时数

"实际工作时长"*"每时15元的工资数"

计算好后，将结果数值设为"货币"格式，如图7-50所示。

知识链接

当遇到工时工资包含多位小数，用户可以使用ROUND函数对数字进行四舍五入。可将公式修改为=ROUND(((HOUR (D2-C2)-1)+(MINUTE (D2-C2)/60))*15,2)，其中，"2"表示保留的小数位数。

图7-50

7.4.3 根据固定余额递减法计算资产折旧值

已知某机械厂花费300000元购买一台生产机器，其机器使用年限为10年，10年后预估残值为10000元，现需要计算出该机器在使用第5年时的资产折旧值，如图7-51所示。

B5		f_x	=DB(B1,B2,B3,5,B4)
	A	B	C
1	资产原值	¥300,000.00	
2	资产残值	¥10,000.00	
3	使用年限	10	
4	第1年使用月数	6	
5	第5年的资产折旧值	¥26,694.85	
6			

图7-51

遇到这类计算固定资产折旧问题时，可使用DB函数来进行操作。该函数使用固定余额递减法计算一笔资产在给定期间内的折旧值。

函数参数含义：

"原值"表示固定资产原值。

"残值"表示资产使用年限结束时的估计残值。

"折旧期限"表示进行折旧计算的周期总数，也称固定资产的生命周期。

"期间"表示进行折旧计算的期次，它必须和第三参数使用相同的单位。

"月数"表示第一年的使用月数，例如资产为4月购买，那么第一年的使用月份数为9个月，则该参数应设置为9。若忽略该参数，则默认值为12（默认1月份购买）。

知识链接

如果想要计算连续多年的固定资产折旧值，例如，计算出1～5年的固定资产折旧值，那么就需要使用DB函数+ROW函数进行计算，如图7-52所示。

=DB($B$1,$B$2,$B$3,ROW(A5),$B$4)

	A	B	C	D	E
1	资产原值	¥300,000.00		第1年	¥43,200.00
2	资产残值	¥10,000.00		第2年	¥73,958.40
3	使用年限	10		第3年	¥52,658.38
4	第1年使用月数	6		第4年	¥37,492.77
5				第5年	¥26,694.85
6					

图7-52

7.5 函数在市场营销行业中的应用

本小节将介绍市场营销领域中的一些常用函数，例如，利用PRODUCT函数计算折后价、利用INDIRECT函数合并销售数量、利用LARGE函数提取前几名的销售额等。

7.5.1 计算商品的折后价格

利用PRODUCT函数根据商品的单价和折扣，计算出该商品的折后价格，如图7-53所示。

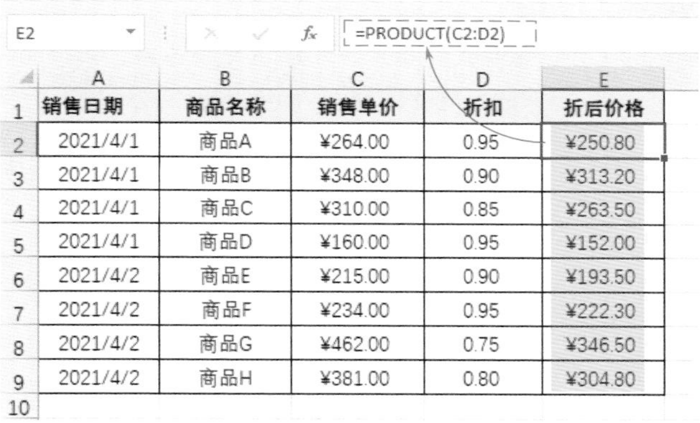

E2 =PRODUCT(C2:D2)

	A	B	C	D	E
1	销售日期	商品名称	销售单价	折扣	折后价格
2	2021/4/1	商品A	¥264.00	0.95	¥250.80
3	2021/4/1	商品B	¥348.00	0.90	¥313.20
4	2021/4/1	商品C	¥310.00	0.85	¥263.50
5	2021/4/1	商品D	¥160.00	0.95	¥152.00
6	2021/4/2	商品E	¥215.00	0.90	¥193.50
7	2021/4/2	商品F	¥234.00	0.95	¥222.30
8	2021/4/2	商品G	¥462.00	0.75	¥346.50
9	2021/4/2	商品H	¥381.00	0.80	¥304.80
10					

图7-53

使用PRODUCT函数可以计算数据的乘积，将“销售单价”×“折扣”即可得出结果。

PRODUCT（number1, number2···）

参与计算第1个值　参与计算第2个值

指定“销售单价”单元格

=PRODUCT(C2:D2)

指定“折扣”单元格

如果参与计算的单元格为逻辑值，或者是文本的话，也可以计算。其中逻辑值TRUE代表“1”，FALSE代表“0”；而文本型数字则代表其自身的数字。如果参数包含纯文本，函数将返回错误值。

7.5.2 引用多张工作表的数据

在工作中如果需要对多张工作表中的数据进行引用的话，可使用INDIRECT函数来操作。

INDIRECT(ref_text, a1)

引用的单元格　引用样式

知识链接

公式中“a1”为引用样式。当“a1”为TRUE或省略，则“ref_text”为A1样式的引用；当“a1”为FALSE，那么“ref_text”为R1C1样式的引用。

例如，将“南京”“郑州”“无锡”“徐州”4张工作表中的销量引用至“合并结果”工作表中，结果如图7-54所示。

南京

商品	销量
吉利帝豪	26
长安逸动	34
新宝骏RC-5	15
奇瑞艾瑞泽GX	20
荣威i5	30

郑州

商品	销量
吉利帝豪	31
长安逸动	29
新宝骏RC-5	25
奇瑞艾瑞泽GX	35
荣威i5	40

无锡

商品	销量
吉利帝豪	34
长安逸动	25
新宝骏RC-5	40
奇瑞艾瑞泽GX	41
荣威i5	39

徐州

商品	销量
吉利帝豪	40
长安逸动	34
新宝骏RC-5	39
奇瑞艾瑞泽GX	45
荣威i5	49

合并结果（B2 =INDIRECT(B$1&"!B"&ROW())）

商品	南京	郑州	无锡	徐州
吉利帝豪	26	31	34	40
长安逸动	34	29	25	34
新宝骏RC-5	15	25	40	39
奇瑞艾瑞泽GX	20	35	41	45
荣威i5	30	40	39	49

图7-54

引用当前工作表"B1"单元格内容"南京"　连接符　返回当前的行号

=INDIRECT(B$1&"!B"&ROW())

返回的结果：南京!B2，即引用"南京"工作表中的B2单元格数据

7.5.3 统计业绩最佳的前三名的销售额

利用LARGE函数可以快速计算出指定区域中从大至小排列第几名的数值，它是统计函数中比较常用的函数之一。

LARGE(array, k)

| 参与计算的数组或区域 | 最大值点 |

知识链接

当"array"为空白单元格、文本和逻辑值时，将被忽略；当"k"小于等于0，或大于数单元格的个数，将返回错误值#NUM!，若该参数为数值以外的文本，则返回错误值#VALUE!

例如，现在需要从"总销售额"区域中分别统计出排名前三位的销售额，结果如图7-55所示。

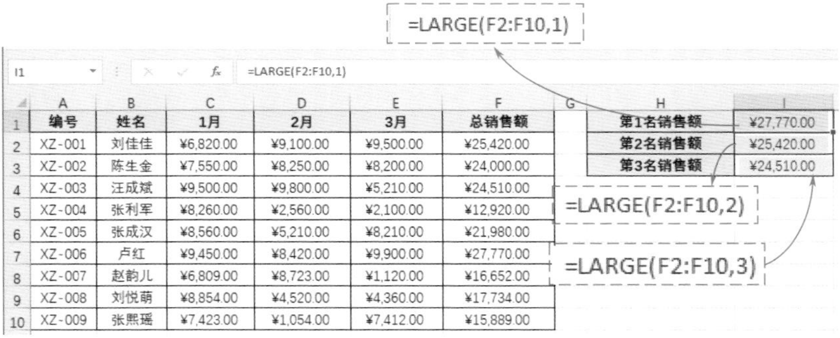

=LARGE(F2:F10,1)

	A	B	C	D	E	F	G	H	I
1	编号	姓名	1月	2月	3月	总销售额		第1名销售额	¥27,770.00
2	XZ-001	刘佳佳	¥6,820.00	¥9,100.00	¥9,500.00	¥25,420.00		第2名销售额	¥25,420.00
3	XZ-002	陈生金	¥7,550.00	¥8,250.00	¥8,200.00	¥24,000.00		第3名销售额	¥24,510.00
4	XZ-003	汪成斌	¥9,500.00	¥9,800.00	¥5,210.00	¥24,510.00			
5	XZ-004	张利军	¥8,260.00	¥2,560.00	¥2,100.00	¥12,920.00		=LARGE(F2:F10,2)	
6	XZ-005	张成汉	¥8,560.00	¥5,210.00	¥8,210.00	¥21,980.00			
7	XZ-006	卢红	¥9,450.00	¥8,420.00	¥9,900.00	¥27,770.00		=LARGE(F2:F10,3)	
8	XZ-007	赵韵儿	¥6,809.00	¥8,723.00	¥1,120.00	¥16,652.00			
9	XZ-008	刘悦萌	¥8,854.00	¥4,520.00	¥4,360.00	¥17,734.00			
10	XZ-009	张熙瑶	¥7,423.00	¥1,054.00	¥7,412.00	¥15,889.00			

图7-55

首先要计算出第1名的销售额，在I1单元格中输入相应的公式。

=LARGE(F2:F10,1)

指定"总销售额"单元格区域 ↗   ↖ 排名：第1名就输入"1"

接下来需要将该公式复制到I2和I3单元格中，并将公式的"排名"值分别设置"2"和"3"。需要注意的是，该公式不能进行自动填充，只能对其内容进行修改。

=LARGE(F2:F10,2)   =LARGE(F2:F10,3)

计算第2名销售额   计算第3名销售额

扫码观看
本章视频

第 8 章

数据的图形化展示

图表是数据图形化的表达，是可视化数据分析的常用工具。图表的类型有很多，用户需根据具体要求来选择正确的图表进行展示，以便快速获取有用的数据。本章将对图表的类型、图表的元素以及图表的基本应用进行介绍。

8.1 图表创建的基础入门

图表可以直观地展示统计信息，不同类型的图表可能具有不同的构成要素。本节将向用户介绍一些图表的入门常识，其中包括图表的类型、图表的基本创建、迷你图表的制作等。

8.1.1 选择正确的图表类型

Excel包含了丰富的图表类型，比较常见的有柱形图、折线图、饼图、条形图、圆环图、面积图、雷达图等。

（1）数值对比

想要对各组数据进行比较，快速获取各数据之间的对比关系，使用柱形图及条形图来呈现最合适不过了。它们都是通过高度差来反映数据差异的。数据经由柱形图或条形图展示，可以有效地对一系列甚至几个系列的数据进行直观对比，如图8-1所示。

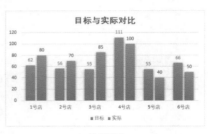

柱形图

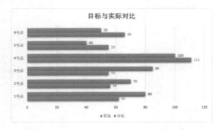

条形图

图8-1

（2）趋势变化

想要让数据随着时间的推移而呈现出某种变化的幅度，可选择折线图或面积图来表示，它们适用于展示在某段时间内数据变化的趋势，如图8-2所示。

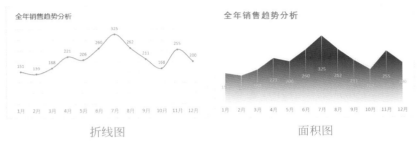

图8-2

（3）部分与整体占比

想要呈现某部分数据占整体的百分比情况，可选择饼图和圆环图来表示。它们能够很直观地表达部分与整体之间的关系，各项百分比的总和为100%，如图8-3所示。

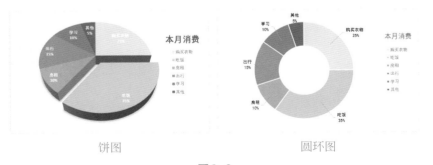

图8-3

（4）数据分布情况

要想直观地表达出各组数据之间的分布情况，可选择雷达图。该图会显示出各数据对应于中心点的变化情况，如图8-4所示。

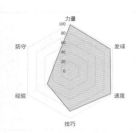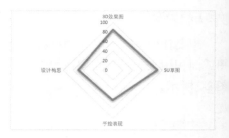

图8-4

（5）其他典型图表

除以上常用的图表外，还有一些比较典型的图表。例如树状图、旭日图等。其中，树状图用于展示数据之间的层级和占比关系，其矩形面积表示达标数据大小，如图8-5所示。而旭日图常用于表示多层级数据之间的占比及对比关系，每个圆环代表同一级别的数据，离原点越近，级别越高，如图8-6所示。

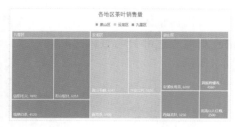

树状图

图8-5

旭日图

图8-6

8.1.2 常见图表的元素

图表元素包含图表标题、图例、数据系列、坐标轴、数据标签、网格线等。当然不同类型的图表，其元素也不相同。下面就以常见的柱形图为例，介绍图表元素的分布及创建的基本操作，如图8-7所示。

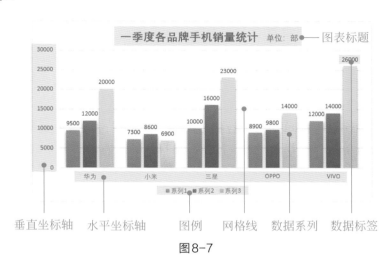

图8-7

选中图表，单击图表右上角"图表元素" + 按钮，在打开的"图表元素"列表中，用户可以根据需要添加或删除图表元素，如图8-8所示。

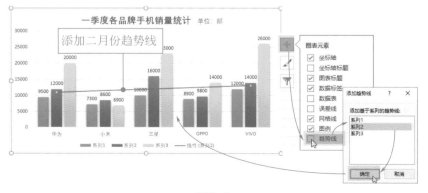

图8-8

（🎞） 知识链接

用户还可以通过"图表工具－设计"选项卡中的"添加图表元素"下拉列表来对图表元素进行设置，如图8-9所示。

图8-9

8.1.3 图表创建的基本步骤

创建图表很简单，选中数据后，在"插入"选项卡中选择图表类型。或者单击"推荐的图表"按钮，在打开的"插入图表"对话框中，系统会根据所选的数据来匹配合适的图表类型，在此选择好类型后，即可完成图表的创建，如图8-10所示。

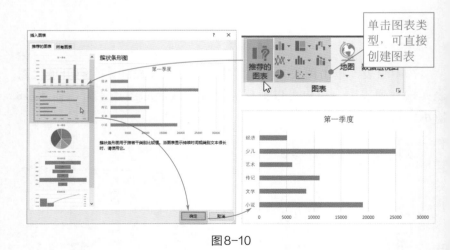

图8-10

图表创建后，如果当前图表类型无法满足数据展示的需求，可对该图表类型进行更改。使用鼠标右键单击图表，在弹出的快捷菜单中选择"更改图表类型"选项，在打开的"更改图表类型"对话框中，重新选择合适的图表，如图8-11所示。

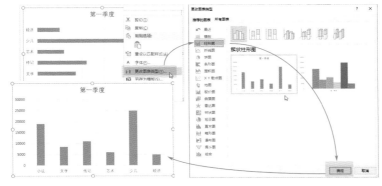

图8-11

! 注意事项

创建图表时，数据源应使用规范。例如，创建的数据区域中不应该包含空格、空行、空列以及合并的单元格；此外，明细数据和汇总数据不应该同时出现在一张图表中，当数据源中包含汇总数据时，应选中要创建图表的部分。

8.1.4 复合图表的创建方法

一般情况下，一张图表只能展示一种类型的图表数据。如果在制作时，要求展示出两种图表类型，那就需要创建复合图表，如图8-12所示。

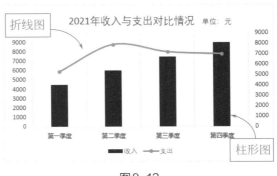

图8-12

这种复合图表的创建方法很简单，用户只需通过"插入图表"对话框进行操作即可。选中任意单元格，单击"插入"→"推荐的图表"按钮，打开"插入图表"对话框，在"所有图表"选项卡中选择"组合"选项，分别选择不同的图表类型，如图8-13所示。

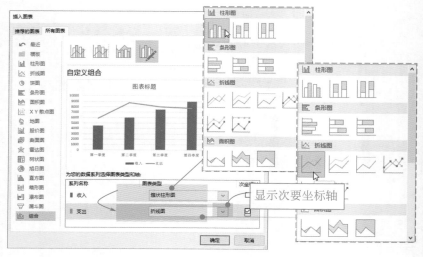

图8-13

8.1.5 创建并编辑迷你图表

迷你图表是在某个单元格中创建的微型图表。每一个迷你图表只能展示出一行或一列的数据。它的类型比较少，只有"折线""柱形"及"盈亏"三种类型，如图8-14所示。

名称	一季度	二季度	三季度	四季度	销售趋势
汇源果汁	20000	90000	120000	70000	
康师傅果汁	32000	85000	160000	90000	
统一果汁	40000	100000	220000	80000	

——折线

名称	一季度	二季度	三季度	四季度	销售趋势
汇源果汁	20000	90000	120000	70000	
康师傅果汁	32000	85000	160000	90000	
统一果汁	40000	100000	220000	80000	

——柱形

名称	一季度	二季度	三季度	四季度	销售趋势
汇源果汁	20000	90000	120000	70000	
康师傅果汁	32000	85000	160000	90000	
统一果汁	40000	100000	220000	80000	

——盈亏

图8-14

（1）创建迷你图表

选择要创建的单元格，单击"插入"→"折线"按钮，在"创建迷你图"对话框中选择数据范围，单击"确定"按钮，如图8-15所示。

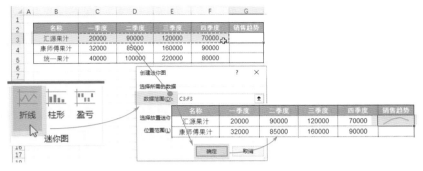

图8-15

选中包含迷你图表的单元格，向下拖动填充柄，即可获得一组迷你图表。

（2）编辑迷你图表

迷你图表创建好后，如果需要对其类型进行更改，可选中迷你图表所在的单元格，在"迷你图工具-设计"选项卡中单击所需的类型，如图8-16所示。

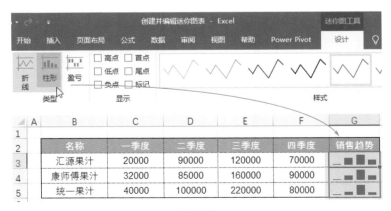

图8-16

在"迷你图工具-设计"选项卡中，用户可以对迷你图表样式进行更改。在"样式"列表中选择满意的样式，如图8-17所示。

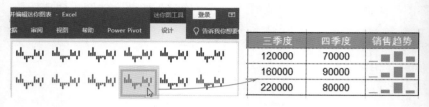

图8-17

此外，用户可以使用显示标记功能，对图表中重要的数据进行标记，例如高点、低点、负点等。单击"标记颜色"下拉按钮，可以对这些标记的颜色进行设置，如图8-18所示。

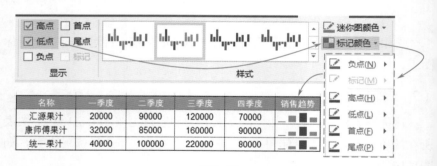

图8-18

如果只想对某一张迷你图表进行编辑，则需要单击"取消组合"按钮。单击"清除"下拉按钮，在其列表中选择清除方式可删除迷你图表，如图8-19所示。提示一下，迷你图表是无法通过【Delete】键删除的。

图8-19

8.1.6　高颜值的图表赏析

Excel除了数据分析和统计功能非常强大，同时也具备十分优秀的数据展示能力。其实创建图表并没有什么太大的难度，难的是对图表的设计。不论是科学图表还是商业图表，要想达到一种美的视觉感受，肯定是需要在图表的设计上下一番功夫的。

图表被广泛应用于趋势分析、经济预测、消费统计、运动统计、总结报告等领域，这些领域的图表大多简洁、美观，而且很专业，如图8-20所示。

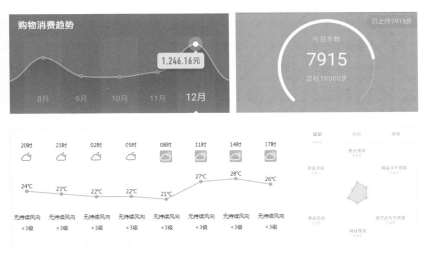

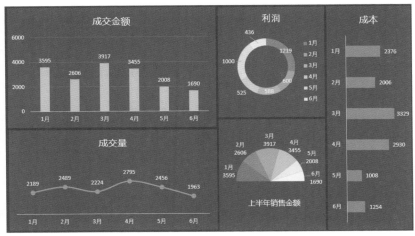

图8-20

8.2 图表元素的设置秘诀

图表元素的设置是创建优质图表的关键，对图表元素的设置精益求精，才能让数据图形化效果达到最佳。本节将对图表元素的设置进行重点讲解。

8.2.1 设置柱形图的数据系列

柱形图创建后，用户是可以根据需求对柱形系列进行编辑的，例如设置柱形系列的宽度、间距、样式等。

（1）调整柱形系列的宽度及间距

双击柱形系列，打开"设置数据系列格式"窗格，在此调整"间隙宽度"值，如图 8-21 所示。

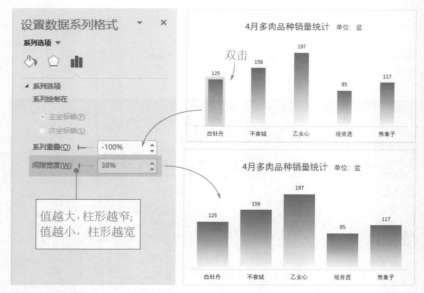

图8-21

当图表中有两组柱形系列，用户可以通过设置"系列重叠"参数，来调整柱形系列之间的距离，如图 8-22 所示。

当该值为"0%"时，系列间距为"0"，两组柱形系列不会重叠在

一起；当值为"100%"时，两组柱形系列会重叠，在后面显示且数值
较小的系列会被遮挡。

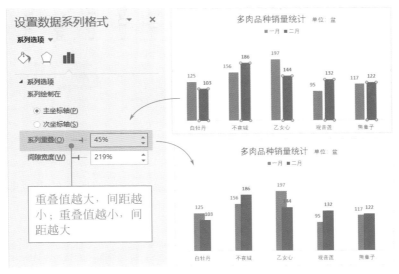

图8-22

（2）填充柱形系列

　　利用象形图标来填充柱形会让图表显得更加生动，如图8-23所示。

　　双击图表任意柱形系列，在"设置数据系列格式"窗格中单击"填
充与线条"→"图片或纹理填充"→"文件"按钮，插入图片。单击
"层叠"按钮完成柱形系列的填充操作，如图8-24所示。

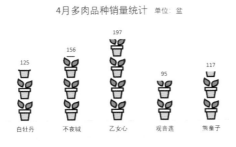

图8-23

图8-24

8.2.2 按需对饼图进行分离

饼图的各个扇区可分离显示，用户只需直接拖拽所需的扇区即可，如图8-25所示。

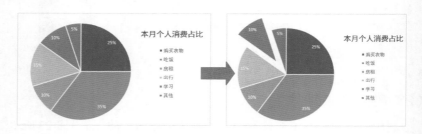

图8-25

在饼图中单独选择某扇区，向外拖动该扇区至目标位置即可分离，如图8-26所示。如果全选饼图，将光标放在任意系列的外侧边缘处，向外拖动鼠标，可分离所有扇区，如图8-27所示。

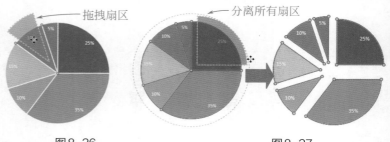

图8-26　　　　　　　　　　　图8-27

知识链接

双击饼图任意扇区，可打开"设置数据点格式"窗格。在此，用户可以对各扇区的填充颜色、饼图的边框样式、饼图好角度等参数进行详细的设置，图8-28所示的是旋转饼图角度。

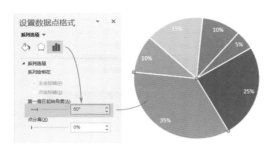

图8-28

8.2.3 坐标轴的设置方法

坐标轴是柱形图、折线图、面积图等的重要元素。坐标轴的设置直接影响数据系列的显示效果。

（1）翻转值坐标轴

通常值坐标轴是从下往上或从左往右显示的。用户可以根据需要对该坐标轴进行翻转，如图8-29所示。

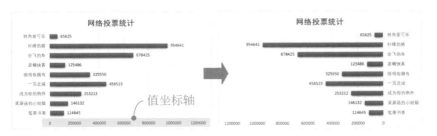

图8-29

双击值坐标轴，在"设置坐标轴格式"窗格中切换到"坐标轴选项"选项卡，勾选"逆序刻度值"复选框，即可翻转值坐标轴，如图8-30所示。

同理，图表中类别轴也是可以翻转的。双击类别轴，在打开的"设置坐标轴格式"窗格中勾选"逆序类别"复选框，如图8-31所示。

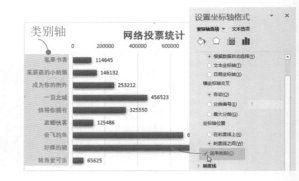

图8-30　　　　　　　　　　　　　图8-31

（2）设置对数刻度

当数值相差比较大时，图表将无法展示出较小的数值。遇到这种情况时，可将值坐标轴的刻度更改为对数刻度，如图8-32所示。

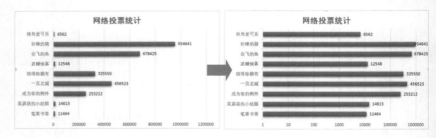

图8-32

双击值坐标轴，在"设置坐标轴格式"窗格中切换到"坐标轴选项"选项卡，勾选"对数刻度"复选框，如图8-33所示。

（3）设置值坐标轴单位

如果值坐标轴数值过大，可以为这些数值添加相应单位，以便用户快速读取，如图8-34所示。

图8-33

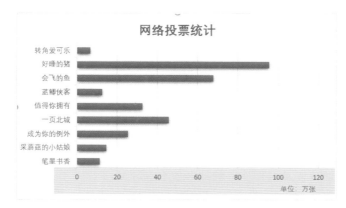

图8-34

双击值坐标轴，在打开的"设置坐标轴格式"窗格中，单击"显示单位"后下拉按钮，选择单位，此时该坐标轴数值会按照指定的单位缩小相应的倍数，并显示相应的标签，双击该标签，修改其内容，如图8-35所示。

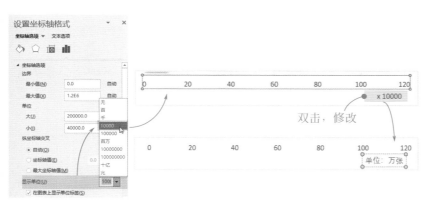

图8-35

8.2.4 为数据标签添加单位

默认情况下，数据标签不显示单位。为了方便数据的读取，可为其添加单位。例如为图表数据标签添加"℃"，如图8-36所示。

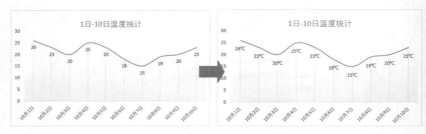

图8-36

选择"图表元素"→"数据标签"→"更多选项"选项，打开"设置数据标签格式"窗格，在"数字"选项组中设置"格式代码"。用户可直接输入"v1"，通过输入法快速调取特殊字符"℃"，然后单击"添加"按钮，如图8-37所示。

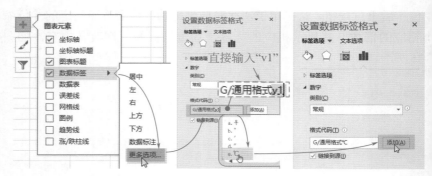

图8-37

（◎◎◎） 知识链接

在"设置数据标签格式"窗格中，用户还可以根据需要设置在数据标签中显示"单元格中的值""系列名称""类别名称"等内容，如图8-38所示。

在"图表元素"→"数据标签"列表中选择"数据标注"选项，其数据标签值会以标注的形式显示，如图8-39所示。

图8-38

图8-39

8.2.5 多样化的图表背景

图表背景分为图表区背景和绘图区背景，一般来说只对图表区背景进行设置。当然，为了丰富图表，也可为绘图区添加背景，如图8-40所示。

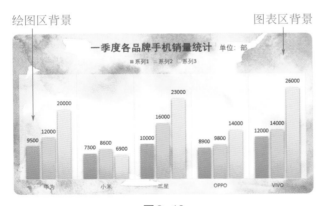

图8-40

双击图表区，打开"设置图表区格式"窗格，在"填充"选项组中可根据需求来选择填充方式。这里选择"图片或纹理填充"方式，单击"文件"按钮，在打开的"插入图片"对话框中选择背景图片，点击"插入"并设置参数，即可完成图表区背景的设置操作，如图8-41所示。

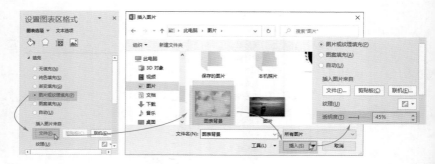

图8-41

双击绘图区，打开"设置绘图区格式"窗格，选择"纯色填充"方式，并设置颜色和透明度参数，如图8-42所示。

注意事项：背景图片默认以图表的比例压缩显示，如果图片和图表的比例相差较大，那么背景会变形，此时用户可勾选"将图片平铺为纹理"复选框，让图片平铺显示。

图8-42

8.3 图表的进阶应用

熟悉图表的基本创建方法之后，就可对图表的应用进行深入学习了。本节将介绍几个略微复杂的图表的制作，这也是用户在日常工作中经常会遇到的图表类型。

8.3.1 制作复合饼图

在制作饼图时，某一组数据远远小于其他数据，为了能够将小数据表达清楚，可利用复合饼图来展示，如图8-43所示。

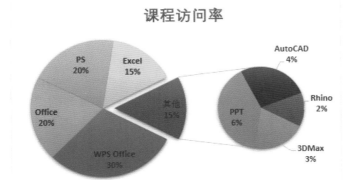

图8-43

选择数据表任意单元格，通过"插入图表"对话框插入一个复合饼图，如图8-44所示。

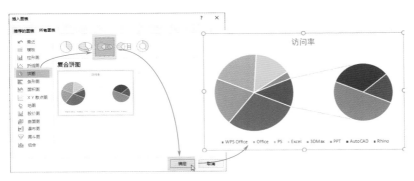

图8-44

此时，创建的复合饼图不标准，需要用户进行详细设置。

选择饼图，为其添加数据标签。双击任意数据标签，打开"设置数据标签格式"窗格，勾选"类别名称"复选框，取消勾选"值"复选框，如图8-45所示。

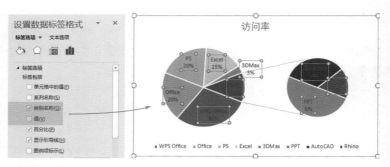

图8-45

在大饼图中双击"3DMax 3%"的扇区，在打开的"设置数据点格式"窗格中，将该点系列设为"第二绘图区"，如图8-46所示。双击"其他"扇区，在"设置数据点格式"窗格中，设置"点分离""间隙宽度""第二绘图区大小"参数，如图8-47所示。

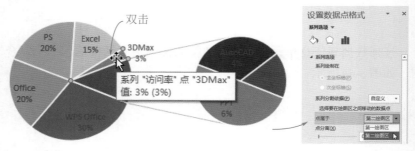

图8-46

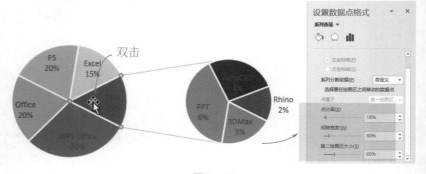

图8-47

最后，适当调整各数据标签的位置，并对饼图进行美化，即可完成复合饼图的创建操作。

3.3.2 制作数据对比旋风图

旋风图可以从两个方向对数据进行直观对比。旋风图以条形图为基础图表进行制作，如图8-48所示。

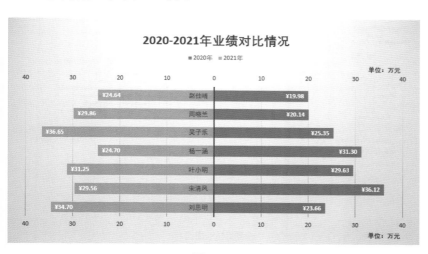

图8-48

首先根据数据表创建条形图，双击"2021年"数据系列，在"设置数据系列格式"窗格中单击"次坐标轴"单选按钮，将该数据系列显示在次坐标轴上，如图8-49所示。

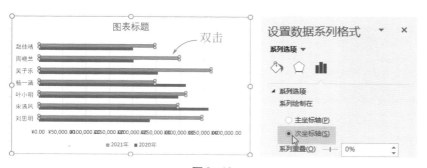

图8-49

然后，分别设置主坐标轴和次坐标轴的显示单位，将其单位设为"万元"，如图8-50所示。

接着，选中次坐标轴，在"设置坐标轴格式"窗格中设置边界"最小值"和"最大值"，并勾选"逆序刻度值"选项，然后在"数字"列表中将"格式代码"设为"0;0;0"，将次坐标轴上的负值转换成正值，如图8-51所示。

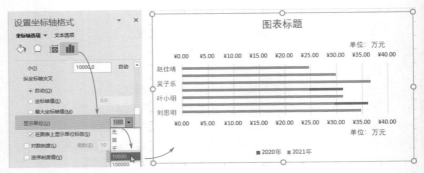

图8-50

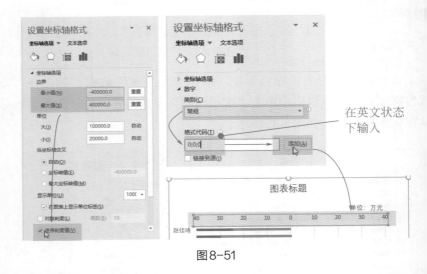

图8-51

按照以上相同的方法，设置图表下方的主坐标轴，结果如图8-5所示。

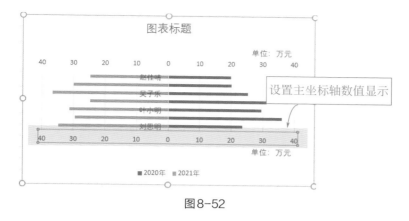

图 8-52

最后，将图例调整至图表上方，输入标题，并套用一款内置的图表样式来美化图表，即可完成旋风图的创建。

8.3.3 自动突显折线图中的最大、最小值

默认情况下创建的折线图需要手动突显最大、最小值的数据点。如果想在创建的同时自动突显最大、最小值，那么就需要结合相应函数创建辅助列来完成，如图 8-53 所示。

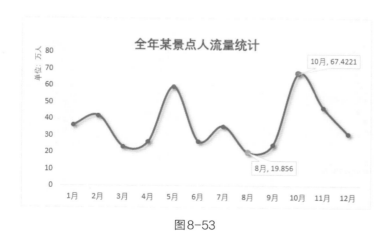

图 8-53

首先，创建最大值和最小值两个辅助列，并分别通过最大、最小值函数提取出 B 列人流量最高和最低值，如图 8-54 所示。

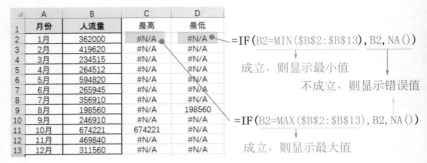

图8-54

然后，选中A1:B13单元格区域，创建带数据标记的折线图，如图8-55所示。

选中折线图，在"图表工具-设计"选项卡中单击"选择数据源"按钮，在打开的"选择数据源"对话框中向"图例项"列表添加两个辅助列的数据，如图8-56所示。

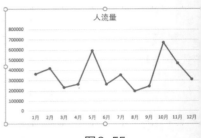

图8-55

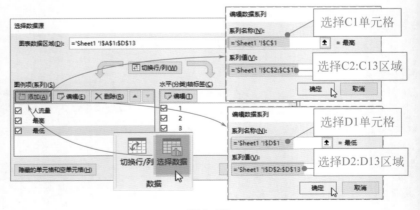

图8-56

此时，系统会自动标识出折线图上的最高值及最低值，如图8-5所示。为最高值及最低值数据点进行修饰。双击最高数据点，在打开的设置数据点格式"窗格中，对该数据点的类型、颜色、大小进行调整，如图8-58所示。按照同样的方法调整最低数据点格式，并为其添加数据标注。

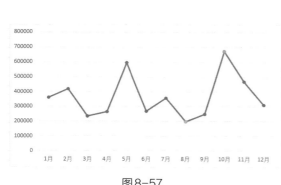

图8-57　　　　　　　　　　　　图8-58

最后，对折线图进行适当的美化。例如，平滑折线、添加折线阴影、设置图表背景以及数据系列的格式等，如图8-59所示。

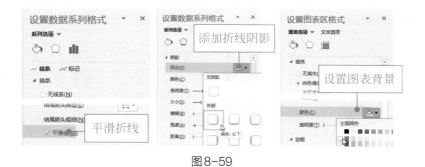

图8-59

8.3.4　使用控件制作动态图表

图表可以直观地展示出各数据之间的差异，但如果数据比较多，使用一张图表全部展示出来，会有些力不从心。那么当遇到这种问题时，可以使用动态图表来展示。例如，图8-60所示的是通过单击控件按钮来选择显示某一季度的课程销量情况。

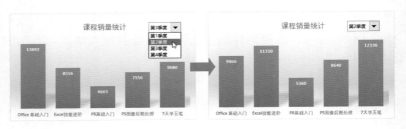

图8-60

首先，需要利用引用函数创建辅助数据表，如图8-61所示。

	A	B	C	D	E
1	课程名称	第1季度	第2季度	第3季度	第4季度
2	Office 基础入门	12360	9460	13692	10220
3	Excel技能进阶	8655	11350	8556	9012
4	PR基础入门	4664	5360		
5	PS图像后期处理	5320	8640		
6	7天学五笔	9420	12330	9680	15330
7					
8	课程名称	1			
9	Office 基础入门	12360			
10	Excel技能进阶	8655			
11	PR基础入门	4664			
12	PS图像后期处理	5320			
13	7天学五笔	9420			
14					

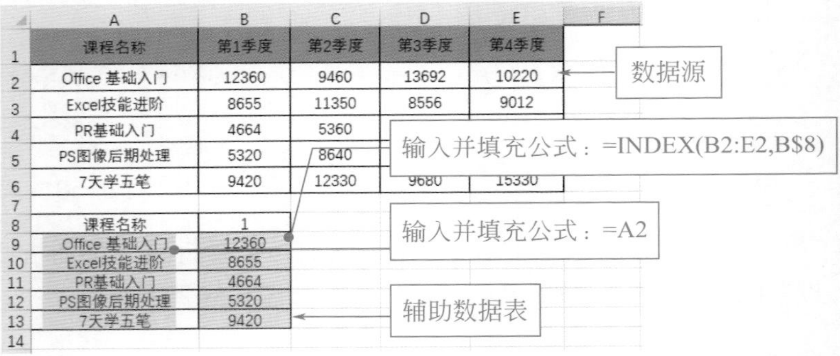

图8-61

再创建一个辅助列，并输入4个季度名称，如图8-62所示。

接下来，选中A9:B13单元格区域，创建柱形图，并套用一款内置的图表样式，更改图表标题内容，如图8-63所示。

加载开发工具。默认情况下，Excel开发工具不显示在功能区中，需要用户手动调出，如图8-64所示。

	A	B	C	D	E
1	课程名称	第1季度	第2季度	第3季度	第4季度
2	Office 基础入门	12360	9460	13692	10220
3	Excel技能进阶	8655	11350	8556	9012
4	PR基础入门	4664	5360	4663	6880
5	PS图像后期处理	5320	8640	7550	9520
6	7天学五笔	9420	12330	9680	15330
7					
8	课程名称	1			
9	Office 基础入门	12360		第1季度	
10	Excel技能进阶	8655		第2季度	
11	PR基础入门	4664		第3季度	
12	PS图像后期处理	5320		第4季度	
13	7天学五笔	9420			

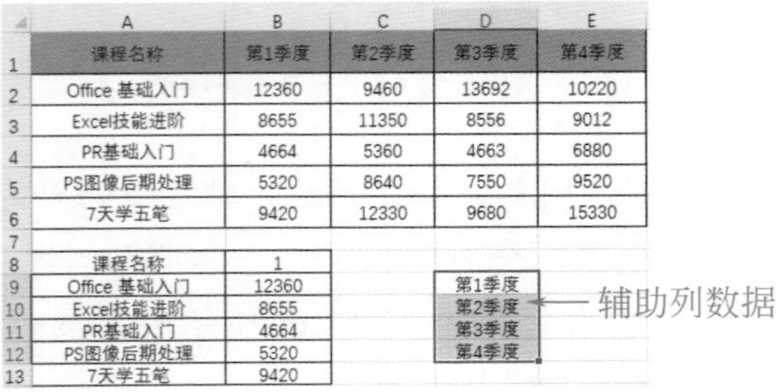

图8-62

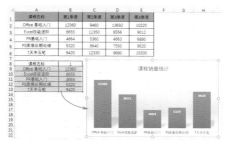

图8-63

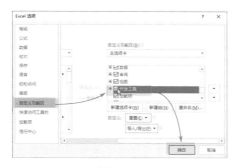

图8-64

在"开发工具"选项卡中单击"插入"→"组合框（窗体控件）"按钮，在图表右上角绘制控件，大小适中，如图8-65所示。

最后，设置控件参数。使用鼠标右键单击该控件，在弹出的快捷菜单中选择"设置控件格式"选项，打开"设置对象格式"对话框，在此需要设置"数据源区域""单元格链接"及"下拉显示项数"，如图8-66所示。

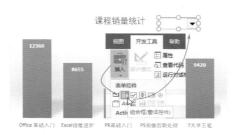

图8-65

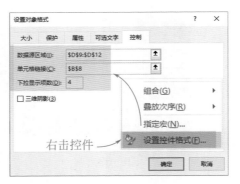

图8-66

至此，动态图表创建完成。单击该控件按钮，在其列表中选择所需
项，图表会自动展示出相应的数据系列，如图8-67所示。

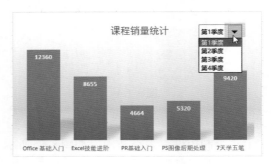

图8-67

扫码观看
本章视频

第 9 章

让幻灯片
锦上添花

不少人认为幻灯片制作很简单，下载模板后，稍微更改一下内容即可。这对于高手来说确实很容易。可是对于新手来说，没有摸清一些门道，还真无法下手操作。本章将对幻灯片的基础操作及制作要点进行说明，以便让新手能够快速入门，并能够独立进行制作。

9.1 幻灯片制作前的准备工作

无论是自己创作，还是借助模板创作，多多少少都要掌握一些基本的创建要领。本节将针对制作前的一些准备工作进行说明，以便能将后续操作顺利地进行下去。

9.1.1 快速调整幻灯片页面大小

当发现使用的模板页面大小不合适，可以对其大小进行调整。如图9-1所示的页面大小是标准4：3的，而如图9-2所示的大小为16：9（宽屏）的。

图9-1

图9-2

单击"设计"→"幻灯片大小"→"宽屏16：9)"按钮，如图9-3所示。如果用户对页面大小有其他特殊的要求，可选择"幻灯片大小"→"自定义幻灯片大小"选项，在打开的"幻灯片大小"对话框中设置尺寸，如图9-4所示。

图9-3

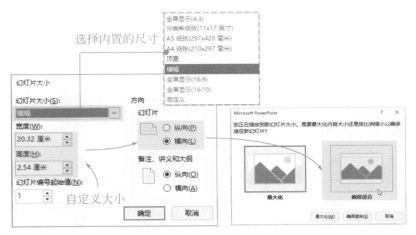

图9-4

9.1.2　更改幻灯片的页面背景

如果对当前幻灯片的背景不满意，用户可以对其背景进行设置，如图9-5所示。

图9-5

单击"设计"→"设置背景格式"按钮，打开"设置背景格式"窗格，单击"图片或纹理填充"单选按钮，并单击"文件"按钮，加载所需背景图，如图9-6所示。

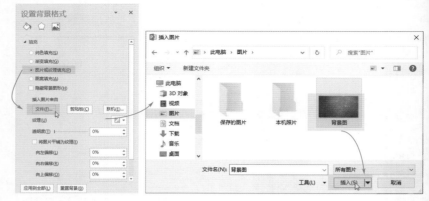

图9-6

在"设置背景格式"窗格中，除设置图片背景外，还可以根据需要设置其他类型的背景，例如纯色背景、渐变背景、图案背景。单击"纯色填充"→"颜色"下拉按钮，在颜色列表中选择一款合适的颜色，如图9-7所示。

图9-7

纯色背景看上去显得干净、简洁、大方，能够很好地突出页面主题。而与纯色背景相比，渐变背景看上去显得更有质感一些。在"设置背景格式"窗格中单击"渐变填充"单选按钮，即可进行相关设置，如图9-8所示。

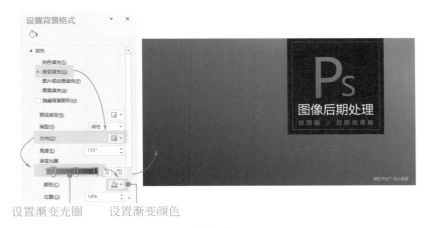

设置渐变光圈　　　设置渐变颜色

图9-8

如果觉得纯色、渐变背景有些单调，那么用户可尝试使用图案来装饰背景，如图9-9所示。

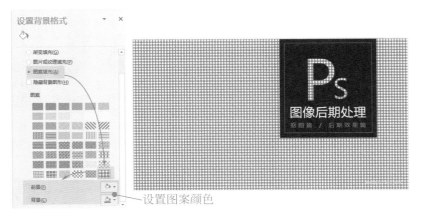

设置图案颜色

图9-9

⦿ 知识链接

如果想要删除图案背景的话，只需在"设置背景格式"窗格中单击"纯色填充"单选按钮，并将"颜色"设为"自动"选项即可。

9.1.3 了解页面版式类型

一张幻灯片是否美观，其关键在于页面的版式和配色。本小节先向用户介绍幻灯片的版式类型。了解这些类型，做到心中有数，这样做出来的效果不会太差。幻灯片页面版式有很多种，常见的版式大致分为上下型、左右型、居中型和全图型4种。

（1）上下型版式

上下型版式是将页面分为上、下两部分。上半部分是文字标题，下半部分是图片或正文内容，如图9-10所示。

图9-10

（2）左右型版式

左右型版式是将页面分成左右两部分，左边文字、右边图，或者相反，如图9-11所示。

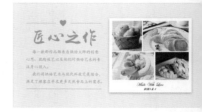

图9-11

（3）居中型版式

居中型版式是将内容居中对齐，页面四周留白，画面聚焦在内容本身。虽然版式比较简单，但它可以有效地突出主题，聚集全场焦点，如图9-12所示。

图9-12

（4）全图型版式

全图型版式是将整张图片作为页面背景的一种排版形式。当文字内容较少时，可以采取这种版式，如图9-13所示。

图9-13

9.1.4　两种页面排版小工具

对齐是版式设计原则之一，页面元素的对齐与否直接影响整个版式的美观，所以在进行页面排版时，用好对齐工具很重要。PPT中有两种辅助对齐工具，分别为"参考线"和"对齐"工具。下面将分别进行简单介绍。

（1）参考线

默认情况下，参考线为关闭状态。用户可通过"视图"→"参考线"命令启动参考线，此时页面会显示出两条相互垂直的参考线，如图9-14所示。

图9-14

将光标移至参考线上方，当光标呈双向箭头时，拖拽鼠标即可移动参考线。此外，按住【Ctrl】键，拖拽鼠标可复制参考线。移动页面元素时，系统会将元素自动吸附在参考线上，以便快速对齐所有元素，如图9-15所示。

图9-15

利用参考线可先对页面进行合理规划，绘制大致的版式框架，然后再利用各种元素进行具体的细化，丰富页面，如图9-16所示。

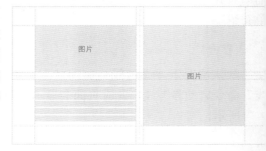

图9-16

(◉◉) 知识链接

在未开启参考线的情况下移动元素，系统会自动开启智能参考线功能来进行对齐操作，如图9-17所示。该功能可以帮助用户快速判断该元素与其他元素之间的对齐情况。

图9-17

（2）"对齐"工具

"对齐"工具可以将多个元素一键对齐，并且能够实现等距离分布对齐操作。在页面中选择要对齐的元素，选择"绘图工具-格式"→"对齐"→"垂直居中"选项，此时，被选元素已完成了对齐操作，如图9-18所示。

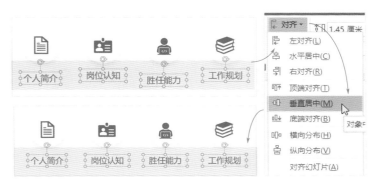

图9-18

9.1.5 快速配色小工具

以上介绍的是页面版式的类型及排版工具，接下来将介绍页面快速配色的方法。对于新手用户来说，还不具备自我配色的能力，那么解决页面配色最佳的方法就是复制颜色，如图9-19所示。

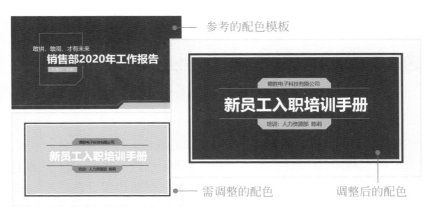

图9-19

复制颜色可通过以下两种方法来实现。

（1）通过取色器复制

将参考模板以图片的方式插入页面中，选择所需形状，选择"绘图工具-格式"→"形状填充"→"取色器"选项，当光标变成吸管图标后，吸取所需颜色，如图9-20所示。

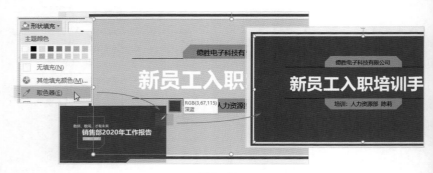

图9-20

按照同样的操作，吸取其他颜色，如图9-21所示。

图9-21

（2）通过输入色值复制

每种颜色的色值都不相同，为了能够准确地区分各种颜色，系统会使用RGB三种颜色的数值（0～255）来表示颜色。其中，R代表红色；G代表绿色；B代表蓝色。这三种颜色按不同的数值混合在一起，可产生各种不同的颜色，图9-22所示的是8种基础颜色的RGB参数。

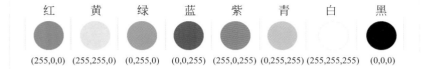

红	黄	绿	蓝	紫	青	白	黑
(255,0,0)	(255,255,0)	(0,255,0)	(0,0,255)	(255,0,255)	(0,255,255)	(255,255,255)	(0,0,0)

图9-22

如果对颜色精准度的要求比较高，那么就可通过输入RGB值来操作。选中形状，选择"形状填充"→"其他填充颜色"选项，打开"颜色"对话框的"自定义"选项卡，将"颜色模式"设为"RGB"，可获取被选颜色的RGB的值，将该值复制到其他图形中，如图9-23所示。

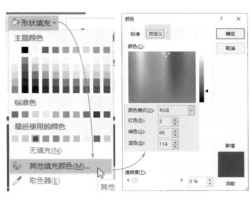

图9-23

此外，获取RGB值的方法很多，很多配色网站上都会显示各颜色的RGB值，用户只需输入这些值，即可精准地复制颜色。

9.2　文本内容的规划

文本是幻灯片不可缺少的元素。合理规划好文本，可让其内容展示得更清晰、更有条理。本小节将对文本的一些制作技巧进行介绍。

9.2.1　字体选择有诀窍

为了能够丰富页面效果，用户可以尝试不同类型的字体。不同的字体，给人的感觉不同，例如黑体类字体，给人沉稳、大方、踏实的感觉，常用于商务科技风PPT，图9-24所示的是小米10周年发布会部分PPT。

图9-24

宋体类字体，给人以秀美、温文尔雅的感觉，常用于古典风或女性产品 PPT 中，图9-25所示的是锐普 PPT 设计作品。

图9-25

这里需要提醒一下，除计算机自带的字体外，其他网络字体都有版权，在选择时会受到一定的限制。为了保证字体效果，用户可使用一些免费的商用字体，例如思源字体系列、站酷字体系列、方正字体系列等，如图9-26所示。

图9-26

9.2.2 保存字体，让其不变样

使用特殊字体后，在其他计算机上打开，会发现特殊字体恢复成默认字体模样，如图9-27所示。

图9-27

遇到这种情况，用户可以通过将文字转换为图片进行保存。方法很简单：选中文字后，将其剪切，然后使用鼠标右键单击空白处，右弹出的快捷菜单中选择"选择性粘贴"→"图片"选项，如图9-28所示。

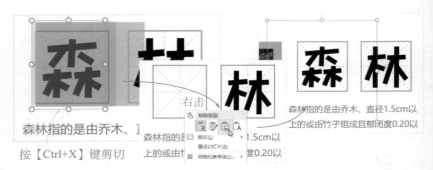

图9-28

需要说明一点：文字更改为图片后，就不能再更改了，所以用户需要确认一下该文字是否为最终版本。

知识链接

除以上方法外，用户还可使用"PowerPoint选项"对话框中的"保存"→"将字体嵌入文件"选项嵌入特殊字体，如图9-29所示。

图9-29

9.2.3 字体的统一替换

如果认为当前文档中的文本字体不合适，想要换成其他字体，那么最便捷的方法就是利用"替换字体"功能来操作。该功能可以将整个文档中指定的字体批量更换成新字体，避免了重复设置的麻烦。

例如，将课件中所有"楷体"批量更改为"黑体"，如图9-30所示。

图9-30

选择"开始"→"替换"→"替换字体"选项，打开"替换字体"对话框，根据需要分别设置"替换"和"替换为"选项，单击"替换"按钮，如图9-31所示。

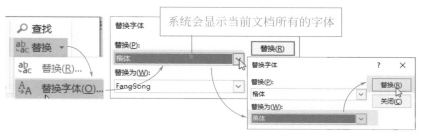

图9-31

除以上方法外，还可以使用更改主题字体功能进行设置。但需要注意的是，该方法只适用于使用了主题字体的情况。通过"设计"→"变体"→"字体"选项列表，选择要更换的新字体，如图9-32所示。

图9-32

263

9.2.4 文字对齐有妙招

幻灯片中文字默认是左对齐，在"段落"选项组中，用户可以根据需要来设置文字的对齐方式，如图9-33所示。

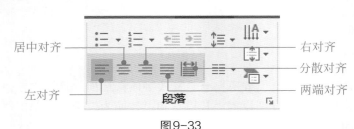

图9-33

其中，左对齐、居中对齐和右对齐三种方式是很常用的，它们分别以文本框左侧边线、文本框中线和文本框右侧边线为对准基线进行对齐操作，如图9-34所示。

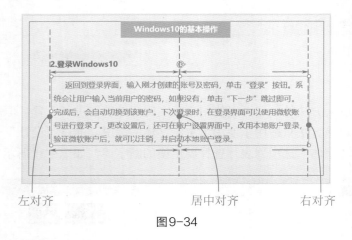

图9-34

两端对齐是指文字以文本框左右两侧边线为对准基线进行对齐。该方式主要实现多行头尾对齐的效果，系统会对中间段的文字间距进行自动调整，以适应两端对齐，如图9-35所示。

分散对齐是将文本按照上一行或下一行的文字长度进行对齐。该方式类似于Word中"中文版式"→"调整宽度"功能，如图9-36所示。

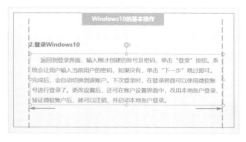

图9-35 图9-36

9.2.5 文本填充，让文字拥有新鲜感

使用文本填充功能，可以将文字呈现出各种各样的效果，如图9-37所示，让文字变得生动，有新意。

图9-37

选中文本，选择"绘图工具-格式"→"文本填充"→"图片"选项，加载所需图片，如图9-38所示。

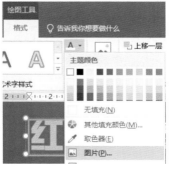

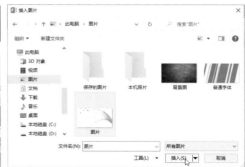

图9-38

如果没有找到合适的图片，用户也可以自己动手设计图片效果。新建一张空白幻灯片，使用形状功能绘制形状，并调整其颜色和位置，将该幻灯片导出为图片进行保存，然后再通过"文本填充"功能加载该图片，如图9-39所示。

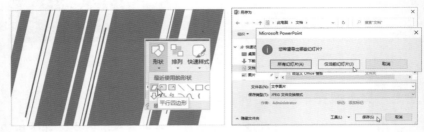

图9-39

9.3 形状与图片的设计

形状和图片是提升页面展示效果的利器。这两个功能运用得巧妙可快速将原本平淡无奇的页面变得生动有趣。

9.3.1 利用形状蒙版，弱化背景

当背景图片太过于亮眼，而无法突显出文字内容时，就可以使用形状来弱化亮眼的背景，如图9-40所示。

图9-40

在"插入"→"形状"列表中选择矩形，拖动并绘制，调整好其填充颜色与摆放的位置。打开"设置形状格式"窗格，选择"渐变填充"

方式，并调整好渐变参数，如图9-41所示。

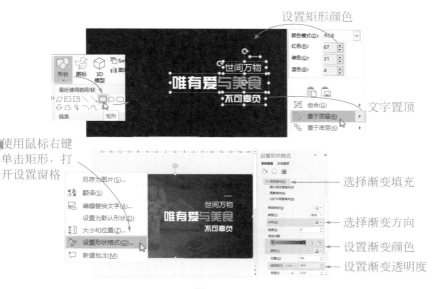

图9-41

9.3.2 形状编辑的两种方法

形状最大的特点就是它具有可塑性，虽然软件提供了基础的形状，但用户可在基础图形上进行编辑加工，使它满足制作需求，如图9-42所示。

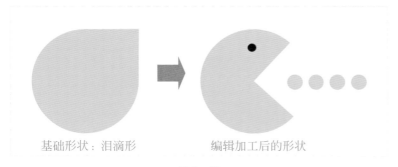

基础形状：泪滴形   编辑加工后的形状

图9-42

在形状列表中选择基础形状，拖动鼠标，并按住【Shift】键等比例绘制该形状。向内拖动橙色控制点至合适位置，旋转形状，如图9-4。所示。在"形状填充"和"形状轮廓"列表中设置一下该形状的颜色和轮廓线，并添加小圆形至形状上，作为眼睛即可。

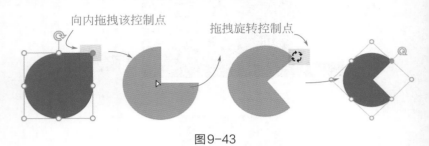

向内拖拽该控制点　　　拖拽旋转控制点

图9-43

这种方法只适用于可编辑的形状，在"形状"列表中还有部分形状是不可编辑的，遇到这类形状，用户可使用"编辑顶点"功能来操作。

例如，圆形是没有橙色控制点的，如果需要对圆形进行编辑，可选择"绘图工具-格式"→"编辑形状"→"编辑顶点"选项，拖动任意顶点至合适位置即可，如图9-44所示。

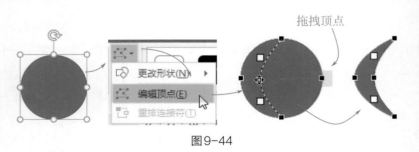

拖拽顶点

图9-44

9.3.3　合并形状，创意不断

合并形状是将两个或多个形状进行拆分、重组后，生成一组新形状，从而产生一些意想不到的画面效果。图9-45所示的是文字拆分效果。

图9-45

　　操作方法很简单：输入文本，并绘制一任意矩形，然后先选中文本，再选择矩形，选择"绘图工具-格式"→"合并形状"→"拆分"选项，此时的文本已变成矢量图形，如图9-46所示。

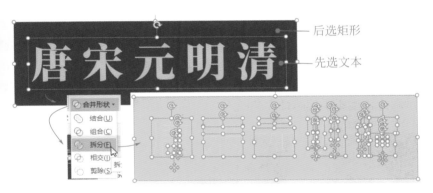

图9-46

　　删除多余的图形，并将这些拆分后的文字图形打散放置，如图9-47所示。

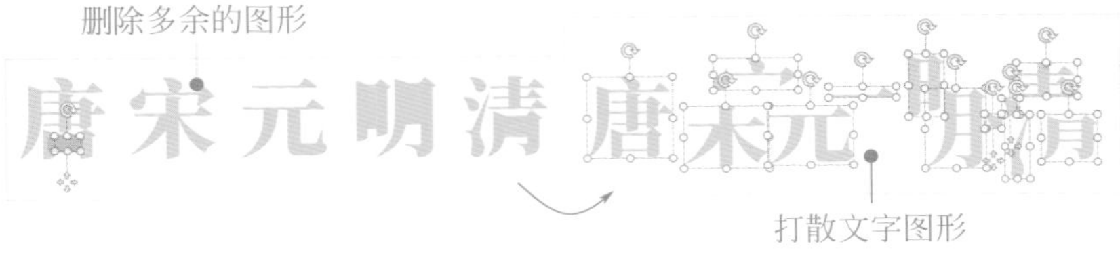

删除多余的图形

打散文字图形

图9-47

合并形状功能由5个命令组成，分别为结合、组合、拆分、相交及剪除，如图9-48所示。利用这些命令可以做出任意想要的形状。

图9-48

• 结合：将多个形状合并为一个新形状，最后生成的形状颜色取决于先选形状的颜色。例如，先选圆形，再选圆环，执行"结合"命令后，生成的形状的颜色取自圆形颜色。

• 组合：将两个形状重叠的部分镂空显示。

• 拆分：将重合和各自不重合的部分拆分开，形成独立的形状。

• 相交：将两个形状重叠的部分保留，其余则删除。

• 剪除：用先选形状减去后选形状重叠部分，通常用来制作镂空效果。

合理利用这些命令可以做出很多有趣的页面效果，例如利用"相交"命令，可将图片填充至各种形状中，摒弃了以单调的方形或圆形来展示图片，增添了趣味性，如图9-49所示。

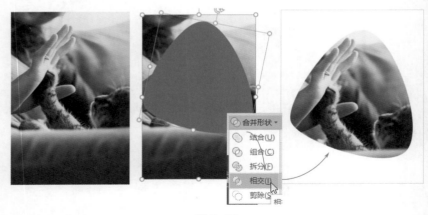

图9-49

!) 注意事项

使用合并图形功能时，要注意先选和后选的顺序，这两个顺序不同，所生成形状效果也不同。

9.3.4　形状，图表美化神器

如果幻灯片中自带的图表样式不能满足制作需求，用户可使用形状功能来对其美化，如图9-50所示。

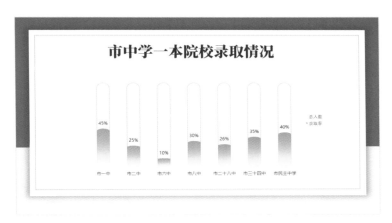

图9-50

该样式的图表制作起来很简单，用户只需先利用"形状"功能绘制出数据系列的形状，然后再创建出基本图表，将绘制的形状直接复制到图表中即可。

在"形状"中选择并复制圆角矩形，利用橙色控制点调整好圆角值，并分别设置两个矩形的颜色及轮廓线，如图9-51所示。

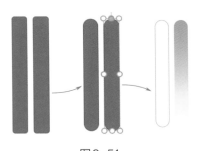

图9-51

单击"插入"→"图表"按钮，在打开的"插入图表"对话框中选择图表类型，创建出基础图表。在打开的Excel编辑窗口中输入图表数据，如图9-52所示。

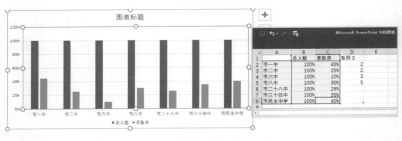

图9-52

使用鼠标右键单击图表，在弹出的快捷菜单中选择"设置图表区域格式"选项，打开"设置数据系列格式"窗格，将两个数据系列进行重叠，如图9-53所示。

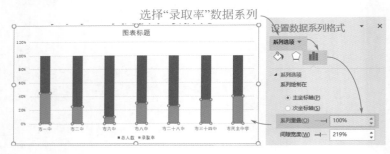

图9-53

分别选中绘制的形状，使用【Ctrl+C】和【Ctrl+V】组合键，将其复制到图表相应的数据系列中，如图9-54所示。

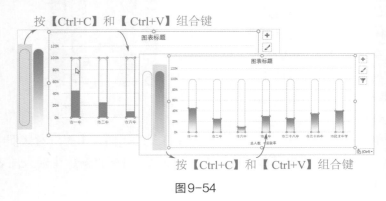

图9-54

删除创建的形状。单击图表右侧"图表元素"按钮，对当前图表添加或隐藏相关元素，如图9-55所示。

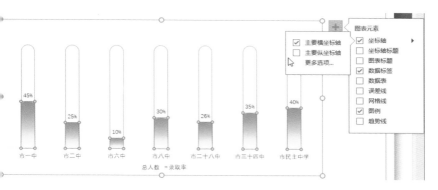

图9-55

9.3.5 利用相册批量插入多张图片

想要在幻灯片中一次性插入多张图片，并按照指定的要求分配好每一页幻灯片的图片数量，那就需要使用相册功能来操作了，如图9-56所示。

图9-56

选择"插入"→"相册"按钮，打开"相册"对话框，单击"文件/磁盘"按钮加载所需图片，并设置图片版式、相框形状及所应用的主题，如图9-57所示。

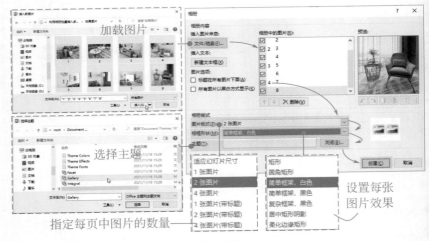

图9-57

设置后，系统会新建一份演示文稿，并按照所制订的排版方式显示所有图片，然后适当对页面进行一些美化。

9.3.6 自由设置背景图片

在设置背景图片时，系统会自动取舍图片内容，并以最佳的画面视角来显示。而有时该视角无法满足制作需求，这时，用户可以考虑使用自由填充的方法来设置，如图9-58所示。

默认设置的背景图

调整后的背景图

图9-58

方法很简单：新建空白幻灯片，先将图片插入页面中，等比例放大图片，然后利用与页面等大的矩形辅助框来取舍图片背景区域，利用"裁剪"命令裁剪掉矩形框以外的区域，如图9-59所示。

图9-59

删除矩形框，并选中裁剪后的图片按【Ctrl+X】组合键剪切图片，打开"设置背景格式"窗格，将该图片剪贴至页面中，如图9-60所示。

图9-60

9.3.7 墨迹结合图片，设计感十足

使用墨迹效果可赋予图文很强烈的设计感，不规则的墨迹能够占据较大的页面空间，形成视觉焦点，迅速抓住观看者的目光，如图9-61所示。

图9-61

制作这类图片效果很简单，就是将图片填充至墨迹中。如果墨迹素材是矢量图形，那么只需利用"形状填充"功能进行填充即可，如图9-62所示。

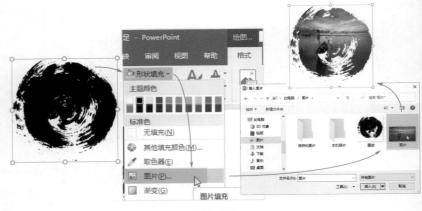

图9-62

如果使用的墨迹素材是图片格式，那么用户可利用"设置透明色"功能来操作。将图片和墨迹素材同时插入页面中，选中墨迹，在"图片工具-格式"→"颜色"列表中选择"设置透明色"选项，如图9-63所示。

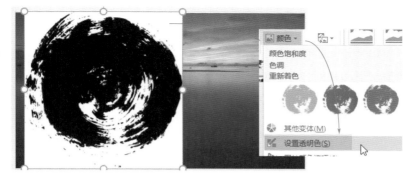

图9-63

此时光标会变模样，然后吸取墨迹中的黑色部分，将其变为透明。
根据需要调整墨迹的位置，使用"裁剪"功能，将墨迹之外多余的图片
删除，如图9-64所示。

单击黑色部分，使其透明

调整好墨迹显示范围

裁剪掉墨迹之外多余的图片区域

图9-64

使用"设置透明色"功能可以将图片中指定区域变透明，其操作等同于"删除背景"功能。这里需要说明一点，对于颜色分明的图片来说，使用该功能可以抠出很好的效果，但对于颜色比较复杂的图片，则先调整一下图片对比度，对比度越强，抠出的效果越好。

9.4　多媒体素材的管理

用户可以根据需要为幻灯片添加一些音视频文件，以烘托现场氛围，逐渐将观看者带入氛围中，从而引起共鸣。本节将对添加音视频文件的操作进行介绍。

9.4.1　音频文件的插入与管理

幻灯片中的音频文件包含两种：一种是背景乐；另一种是动作音效。

（1）插入并管理背景乐

插入背景乐的方法与插入图片相似，用户只需直接将背景乐文件拖至页面中即可。此时页面中会显示出小喇叭图标和音频播放器，如图9-65所示。

图9-65

　　背景乐插入后，用户可以对背景乐的播放模式进行设置。在"音频工具-播放"选项卡的"音频选项"选项组中，根据需要选择播放模式，如图9-66所示。

图9-66

　　在"编辑"选项组中单击"剪裁音频"按钮，在打开的"剪裁音频"对话框中，拖动开始滑块和终止滑块对音频文件进行剪辑，如图9-67所示。

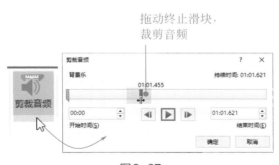

图9-67

　　在两个滑块之间的区域将保留，滑块之外的区域将被删除。需要说明一下，该功能只能对音频做简单的裁剪。

　　如果要将音频在指定的页面停止播放，需要借助"动画"选项来操作，如图9-68所示。

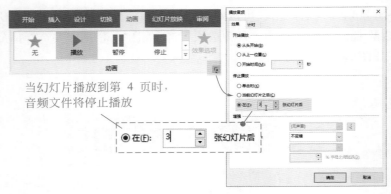

当幻灯片播放到第 4 页时，
音频文件将停止播放

图9-68

（2）插入动作音效

软件中预设了大量的动作音效，巧妙地运用这些音效，会使页面内
容变得有趣。

在页面中选择要添加音效的元素，单击"插入"→"动作"按钮，
在打开的"操作设置"对话框中选择所需的音效，如图9-69所示。

图9-69

9.4.2 将音频嵌入幻灯片中

默认情况下，音频源文件需要与幻灯片存放在一起后才能正常播
放，一旦源文件误删或移位，可能会出现音频无法播放的现象。为了避
免该现象的发生，用户可将音频嵌入幻灯片。

嵌入音频有一个前提条件——音频格式需为WAV格式，其他格式都无法嵌入。那么如果不是该格式的音频，需要借助第三方工具来进行转格式操作。

格式工厂是一款多功能的多媒体格式转换软件，能实现大多数视频、音频以及图像的不同格式之间的相互转换。

启动格式工厂后，直接将音频文件拖至窗口中，打开设置窗口，在此选择"所有转到WAV"格式选项，即可进行转换操作，如图9-70所示。

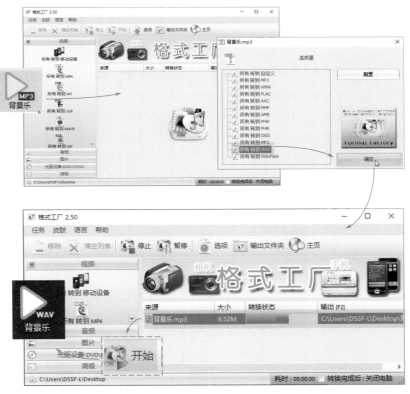

图9-70

转换完成后，再将该格式的音频插入幻灯片中。此后，即使音频源文件误删或移动，也不会影响幻灯片中的音频正常播放。

9.4.3 在幻灯片中插入视频

插入视频文件的操作与插入音频文件的操作大致相同。用户可将所需的视频直接拖入幻灯片，如图9-71所示。

图9-71

如果视频文件过大，而出现无法插入的现象，那么可以先利用格式工厂转换一下格式，如转换为MP4。

除此方法外，用户还可以利用"屏幕录制"功能录制视频并插入幻灯片中。该功能可减少视频录制及插入的一些烦琐操作，提高制作效率。指定相关页面后，单击"插入"→"屏幕录制"按钮，即可启动该功能，调整好录制区域后，可开始录制。录制结束后，系统会将录制的视频自动插入当前页面中，非常方便，如图9-72所示。

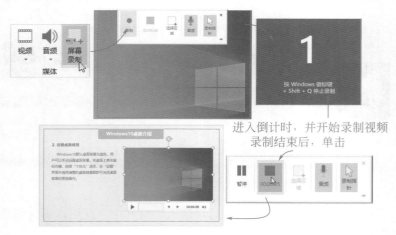

图9-72

.4.4　为视频添加好看的封面

有时插入的视频封面漆黑一片，或者封面内容不美观。这时，用'可利用"海报框架"功能来对视频封面进行自定义设置，如图9-73'示。

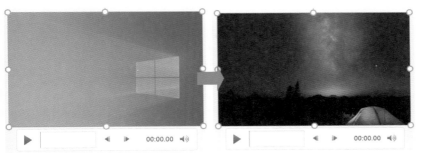

图9-73

选中视频，单击"视频工具-格式"→"海报框架"按钮，在其列表中根据需要选择"当前帧"或"文件中的图像"进行设置。

当前帧指的是在当前视频中指定一帧画面作为视频封面。先在视频'播放器中指定某一帧画面，然后选择"当前帧"，如图9-74所示。

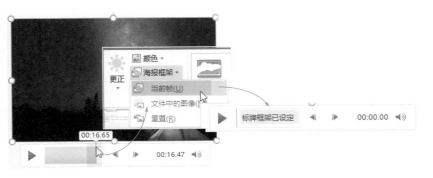

图9-74

"文件中的图像"选项指的是另选一张美观的图片作为视频封面。'当视频中无可选画面时，可以采取该方法，如图9-75所示。

图9-75

扫码观看
本章视频

第 10 章

幻灯片动画
效果的添加

幻灯片的动画分为两种：一种为对象动画，主要用于设置页面元素的动画效果；另一种为页面动画，主要用于各页面之间相互切换时的动画效果。无论采用哪一种动画，都能够提升幻灯片的表现力。本章将着重对各类动画效果的制作进行介绍。

10.1　设置合理的幻灯片动画

要想活跃幻灯片展示时的气氛，不让幻灯片显得枯燥乏味，可适当为其添加一些小动画。本小节将介绍一些动画应用技巧，以供用户参考。

10.1.1　了解动画的设置原则

大多数人认为，只要能使页面中的元素动起来，就是动画。其实不然，好的动画是经过创作者深思熟虑、精心设计出来的，用简单的动画效果可以表达出难以言表的内容。例如，图10-1所示的是锐普演示设计师为汽车商家所做的宣传内容，该内容用动画巧妙地解释了如何用手机操控车内功能，观众一看就懂。

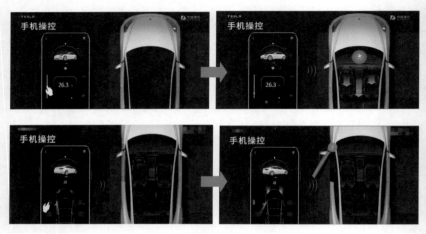

图10-1

好动画的设置是有一定原则的，在遵循这些原则的基础上设置动画，动画效果不会太差。

• 必要性：动画是吸引人们注意力的关键，将动画运用在要强调的观点内容上，才会有意义。如果只是为了单纯地炫技，盲目地添加动画，除会让观众眼花缭乱外，对内容的传达并没有本质的帮助。

• 简洁性：用简洁的动画来表达观点，这样观众才会抓住主题。节奏拖拉、动作烦琐的动画只会快速消耗观众的耐心。

- 自然性：让人舒适的动画一定是连贯、自然、符合规律的。而那些脱离自然规律的动画，会显得很怪异，观众也难以接受。
- 创意性：好创意，才能有好动画，一些看似简单的小动画，大多取胜于创意。而往往这些创意小动画，才是最精彩的部分。

10.1.2 动画设置的基本常识

幻灯片动画有4种基本类型，分别为进入、强调、退出和动作路径。一些看似复杂的动画都是由这4种基本动画组合而成。用户可在"动画"选项卡中进行选择，如图10-2所示。

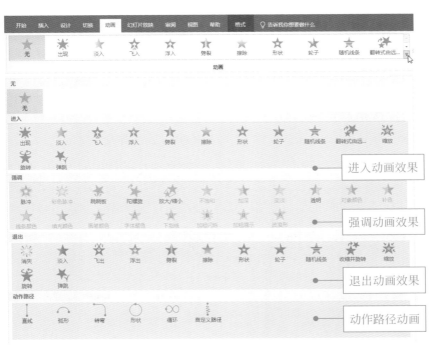

图10-2

在动画列表中只显示了一些常用动画效果，如需设置其他的动画，可根据需要选择"更多**效果"选项，在打开的相关对话框中进行选择，如图10-3所示。

图10-3

为页面对象设置动画后，该对象左上方会显示出"1""2""3"……，则说明该对象添加了动画效果。此外，在播放该幻灯片时，系统会按照此顺序依次播放动画，如图10-4所示。

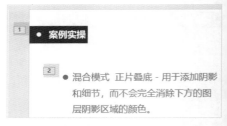

图10-4

"动画窗格"窗格中是动画设置的关键选项，它们可以用于调整动画播放的设置参数，例如动画的开始方式、持续时间、延迟等。除此之外，还可以调整各动画的前后顺序以及动画效果的设置参数，如图10-5所示。

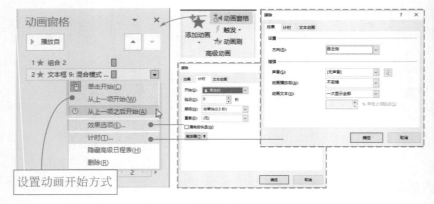

图10-5

在"动画"选项卡的"计时"选项组中，用户也可以对动画的"开始""持续时间""延迟"以及排序进行设置，如图10-6所示。

图10-6

0.1.3 进入动画，让页面活起来

进入动画就是让对象从无到有，逐渐出现的运动过程，如图10-7所示。

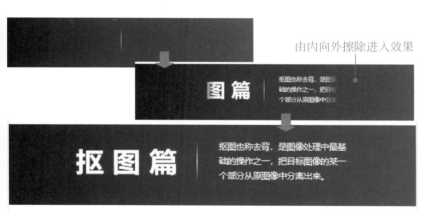

图10-7

选择页面中的直线形状，为其添加"缩放"进入动画。选择直线两侧文本框，为其添加"擦除"进入动画，分别将"效果选项"设为"自右侧"和"自左侧"，如图10-8所示。

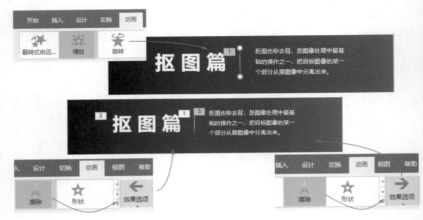

图10-8

打开"动画窗格"窗格，设置这3个动画的参数，如图10-9所示。

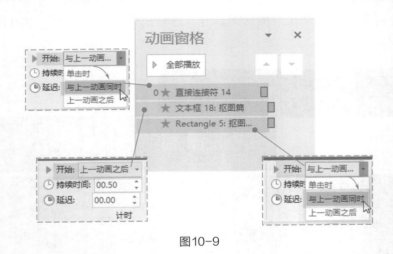

图10-9

10.1.4 强调动画，突出强调关键内容

如果需要强调某一项内容，可以为其添加强调动画。该动画主要是通过突出显示对象的形状或颜色来吸引观众注意，如图10-10所示。

● **知识归纳** 纯色背景隐藏式融图

图层的混合模式

图层的混合模式一共分为6组，共27种。

分别是组合模式、加深模式、减淡模式、对比模式、比较模式以及色彩模式。

加深模式：该组中的混合模式可以使图像变暗，当前图像的白色像素会被下层较暗的像素代替。

减淡模式：该组中的混合模式与加深模式完全相反，可以使图像变亮，当前图像的黑色像素会被较亮的像素替换。

图10-10

以上添加的强调动画效果为"画笔颜色"。先选中要突出显示的文本框，在"动画"列表中选择"强调"→"画笔颜色"选项，然后设置其效果参数，如图10-11所示。

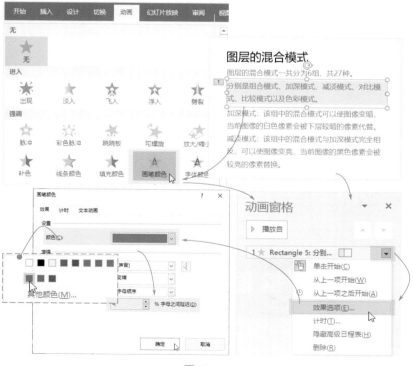

图10-11

10.1.5　退出动画，让对象进退有序

退出动画是指对象从有到无，以各种形式逐渐消失的过程。为了让动画更具合理性，通常会将退出动画与进入动画结合使用，如图10-12所示。

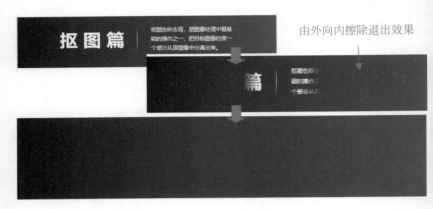

图10-12

如想在进入动画上再添加一个退出动画，就需要在"添加动画"列表中进行相关操作。先选中左侧文本，选择"动画"→"添加动画"→"退出"→"擦除"选项，并将"效果选项"设为"自左侧"，按照同样的方法，为右侧文本添加"擦除"退出动画，将其方向设为"自右侧"，如图10-13所示。

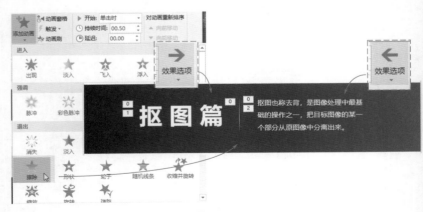

图10-13

⚠️ 注意事项

虽然"添加动画"列表与"动画"列表的内容完全相同，但它是在一组动画的基础上再添加另一组动画，该对象会出现两个序号。这就说明该对象添加了两组动画。当然也可根据需要继续添加3组、4组、5组动画。

选中直线，为其再添加一个"缩放"退出动画效果。打开"动画窗格"窗格，分别设置3个退出动画的参数，如图10-14所示。

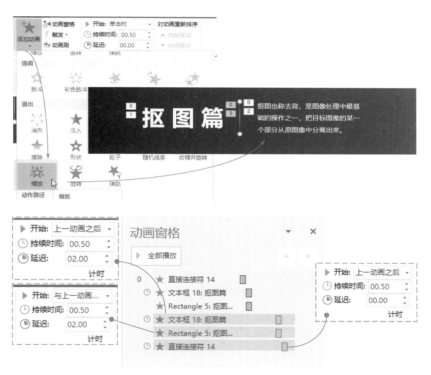

图10-14

在设置退出动画时，延迟参数的设置是很有必要的。如果不设置延迟参数，那么对象刚进入页面就退出了，这样会导致观众根本无法看清内容。

知识链接

在动画窗格中带有绿色 ★ 图标的为进入动画；带有黄色 ★ 图标的为强调动画，带有红色 ★ 图标的为退出动画，如图10-15所示。将光标放置在动画上，系统会显示出相应的动画信息，在此能够了解动画的类型，如图10-16所示。

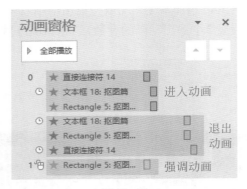

图10-15

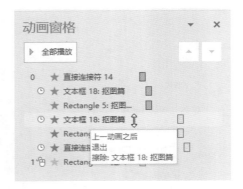

图10-16

10.1.6　动作路径动画，按一定规律运动

动作路径动画是将对象按照设定的路径进行运动的动画。系统内置了多种运动路径，例如直线、弧形、转弯、形状等。添加路径动画后绿色圆点为路径起始点，红色圆点为路径终止点，如图10-17所示。

图10-17

选择所需对象，选择"动画"→"动作路径"→"直线"选项，并调整好路径运动方向，如图10-18所示。

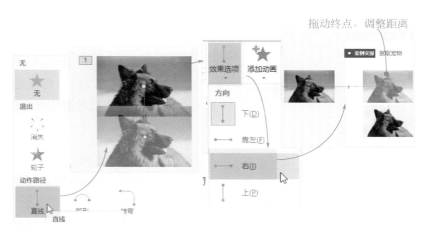

图10-18

使用鼠标右键单击运动路径，在弹出的快捷菜单中选择"反转路径方向"选项，可对该路径进行反转，如图10-19所示。

图10-19

10.1.7　触发动画，页面交互神器

触发动画是指在单击页面中某个特定对象后才会播放的动画。用户可通过"触发"按钮来实现该动画效果，如图10-20所示。

图10-20

在设置触发动画之前，先为所需对象进行重命名，以方便后期查找。单击"开始"→"选择"→"选择"窗格，为指定对象重新命名，如图10-21所示。

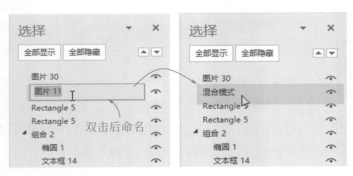

图10-21

选择"图片30"选项，并为该图片设置进入动画。选择"触发"→"通过单击"→"混合模式"选项即可完成操作，如图10-2：所示。

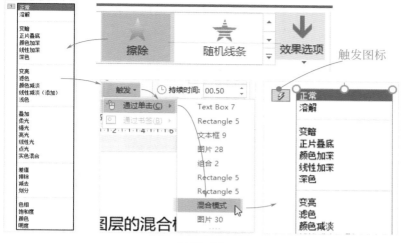

图10-22

0.1.8 图片墙动画，让图片展示不单调

在图片数量较多的情况下，用户可以尝试使用图片墙来进行展示。如果再为图片墙添加一些动画效果，其页面效果将会更活跃，如图0-23所示。

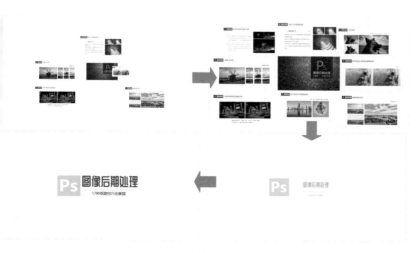

图10-23

打开"选择"窗格，隐藏除图片之外的所有对象。全选图片，为其设置"基本缩放"进入动画，并调整其"效果选项"，如图10-24所示。

图10-24

此时呈现出的图片动画比较刻板，不灵活。用户可以通过改变动画的延迟参数来增加动画层次感。打开"动画窗格"窗格，设置所有动画的开始方式。随机选择几个动画，分别调整其"延迟"参数，参数值为0.2～0.4s，如图10-25所示。

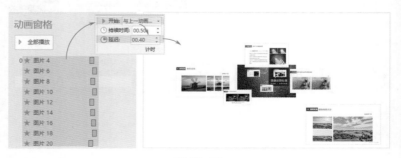

图10-25

在"选择"窗格中显示出所有隐藏的对象。为矩形设置"劈裂"动画，并调整好运行方向。将文本框以及直线设置"缩放"进入动画。分别调整好各动画的开始方式和延迟时间，如图10-26所示。按【F5】键可查看最终动画效果。

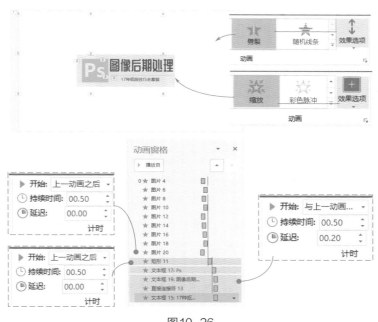

图10-26

10.1.9 烟花文字，另辟蹊径的动画效果

利用视频结合镂空文字做出来的动画效果，要比系统自带的动画效果真实很多，如图10-27所示。

也许，烟花就是从天堂流泻下来的瀑布，它总将我们的心指向美好的幻境，于是，虽然我们的眼睛无法真实地看到仙境，但我们的内心却感受到了它，难懂而又迷离。

图10-27

该效果制作原理很简单，先利用"合并形状"功能制作出"烟花镂空文字，然后将烟花视频放在文字下方，最后，播放视频。此时只有镂空的部分会呈现出视频内容，从而达到绚烂的动画效果。

绘制矩形，其大小与页面等大。在该矩形中输入"烟花"文字，设置字体与大小。选择"合并形状"→"组合"选项，将文字从矩形中剪去，做出镂空效果，如图10-28所示。

图10-28

插入准备好的烟花视频，并将其叠放在镂空字下方，调整视频位置。选中视频，将其开始方式设为"自动"，并勾选"循环播放，直到停止"复选框，如图10-29所示。

当播放该页面时，视频会自动播放，直到切换到下一张幻灯片为止

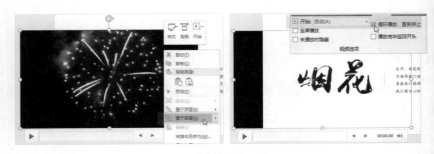

图10-29

10.2 设置幻灯片切换动画

页面切换动画指的是在两张或多张页面切换时产生的动画效果，使

面之间实现无缝连接。用户可以控制切换的速度、声音，甚至可以对
切换效果的属性进行自定义。

0.2.1 页面切换动画的类型

软件内置了多种切换动画，按切换效果来分，可分为细微型、华丽
型和动态内容型三种。在"切换"→"切换到此幻灯片"列表中即可选
择相应的切换动画，如图10-30所示。

细微型

华丽型

动态内容型

图10-30

• 细微型：包含了13种切换效果，例如"淡入/淡出""推入""擦
除""分割"等。该类型给人以舒缓、平和的感受，如图10-31所示。

• 华丽型：包含了29种切换效果。例如"跌落""悬挂""溶
解""蜂巢"等。该类型比较富有视觉冲击力，如图10-32所示。

• 动态内容型：包含了7种切换效果。例如"平移""摩天轮""传
送带""旋转"等。

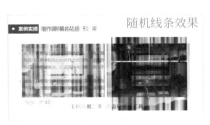

图10-31

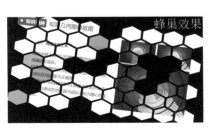

图10-32

10.2.2 设置切换动画的参数

将切换动画应用至幻灯片中很简单：选中所需幻灯片，在"切换到此幻灯片"列表中选择所需切换效果，图10-33所示的是切换效果。

图10-33

在"切换"选项卡中单击"应用到全部"按钮，可以将该切换动画快速应用至其他幻灯片中，如图10-34所示。

图10-34

如果需要为切换动画添加音效，可以在"计时"选项组中单击"声音"下拉按钮，选择所需音效。在"换片方式"选项组中，用户可以设置幻灯片的切换模式，如图10-35所示。

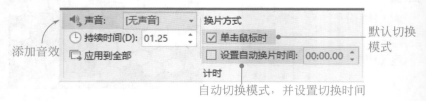

图10-35

0.2.3 平滑切换效果的应用

平滑切换是PowerPoint 2019版本特有的切换动画。利用该动画可使两张或多张幻灯片之间进行平滑过渡，实现无缝衔接的效果，如图0-36所示的是数字的平滑切换动画。

图10-36

以上数字切换动画，如果使用动画列表中的命令来实现，是比较烦的，但使用平滑切换就可以轻松实现。

首先，利用文本框输入"0～9"数字，并将其竖向排列，将该文框复制粘贴成图片，调整大小。对图片进行裁剪，保留"0"，然后复"0"图片，如图10-37所示。

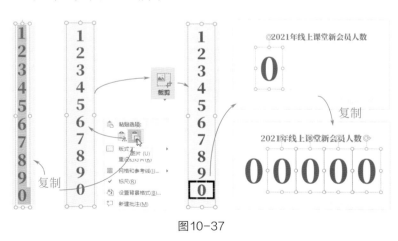

图10-37

其次，复制该幻灯片，并选择"0"图片，使用"裁剪"功能依次图片进行裁剪，保留所需的数值，如图10-38所示。

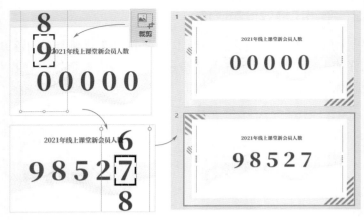

图10-38

最后选择第2张幻灯片，在"切换到此幻灯片"列表中选择"平滑"切换动画，如图10-39所示。按【F5】键查看设置效果。

图10-39

(!) 注意事项

平滑切换需要在两个条件下才能真正发挥作用。第一，一定要两张或两张以上的幻灯片；第二，各幻灯片中的对象必须是同一个对象。例如，一张幻灯片是方形，另一张幻灯片是圆形，这种情况下是无法实现平滑切换的。只有在两张幻灯片都是方形的情况下，并且对其中一张方形幻灯片进行编辑后方可实现。

0.3 交互页面的制作操作

放映幻灯片时，系统会按照幻灯片的顺序进行放映。如果想要快速切换到指定页面，可使用链接功能来实现。本小节将对幻灯片链接的操作进行介绍。

0.3.1 实现页面内部链接

下面以设置目录页链接为例，来介绍页面内容链接操作，如图10-40所示。

图10-40

选中文本框，单击"插入"→"链接"按钮，在打开的"插入超链接"对话框中选择链接页面，如图10-41所示。

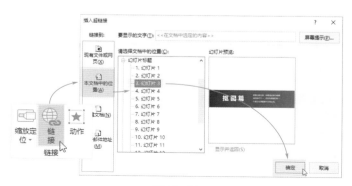

图10-41

设置好后，将光标移至链接内容上时，会显示出相关的链接信息，按【Ctrl】键单击该链接，即可跳转至相关页面。而在放映时，只需单击链接即可实现跳转。

10.3.2　实现外部文件链接

除进行页面之间的链接操作外，还可以实现将内容链接到其他文件或网页。下面就以链接到网页为例来介绍具体操作，如图10-42所示。

图10-42

在页面中选择链接对象，打开"插入超链接"对话框，选择"现有文件或网页"选项，输入链接的网址，如图10-43所示。

图10-43

如果是链接到其他文件，只需在"现有文件或网页"→"当前文件夹"列表中选择所需文件或应用程序即可。

知识链接

如果需要修改链接地址，可使用鼠标右键单击链接，在弹出的快捷菜单中选择"编辑链接"选项，在打开的"编辑超链接"对话框中重新设置链接地址。在右键列表中选择"删除链接"选项，可删除链接。

10.3.3　缩放定位页面内容

缩放定位功能也是PowerPoint 2019的新增功能，该功能通过放大、缩小页面来实现内容的快速转换。它类似于平滑切换效果，让转换变得优雅、自然，图10-44所示的是摘要缩放定位的效果。

图10-44

（1）摘要缩放定位

该功能是将文稿中一些提纲性的内容页集中加载至新建的摘要页中。在放映幻灯片时，用户可以通过摘要页内容来了解文稿的所有内容。其中一个要点讲解完毕后，系统会自动跳转到摘要页，用户可选择其他要点内容继续讲解。

单击"插入"→"缩放定位"→"摘要缩放定位"按钮，在打开的"插入摘要缩放定位"对话框中勾选要点页面，如图10-45所示。

图10-45

（2）幻灯片缩放定位

　　该功能比较灵活，用户可以自由选择幻灯片内容来进行讲解，不需要按照页码依次讲解。此外，利用幻灯片缩放定位可以根据幻灯片不同的位置摆放，呈现出不同转场效果，操作如图10-46所示。

图10-46

按【Shift+F5】组合键放映当前缩略页，通过单击其中幻灯片来查看设置效果，如图10-47所示。

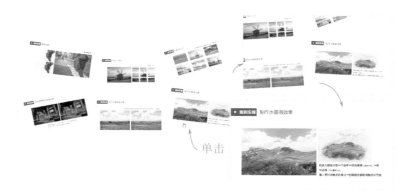

单击

图10-47

0.3.4 动作按钮的添加与设置

在幻灯片中添加动作按钮后，可以通过单击，快速返回首页或指定页面。在"形状"列表中，用户可以选择内置的动作按钮，也可以自义动作按钮。

1）使用内置动作按钮

在幻灯片中指定所需页面，在"插入"→"形状"列表中选择动作钮，并在打开的对话框中进行设置，如图10-48所示。

图10-48

设置完成后，单击该按钮即可跳转到相关页面中。

（2）自定义动作按钮

如果认为内置的按钮有些单调，那么用户可以对该按钮进行自定义设置。单击"插入"→"图标"按钮，在打开的图标列表中选择满意的图标作为添加至页面中的按钮，然后选中该图标，单击"插入"→"动作"按钮，在打开的对话框中进行操作，如图10-49所示。

图10-49

扫码观看
本章视频

第 11 章

幻灯片的
放映与输出

幻灯片制作好后，用户可以根据
需求来进行放映。此外，为了在
没有安装PowerPoint软件的计
算机中也能够正常观看，可将幻
灯片转换为各种文件格式，例如
图片、PDF、视频等。本章将着
重对放映与输出技能进行介绍。

11.1 放映幻灯片

放映包含对放映类型的认识、对放映方式的设置，以及在放映过程中所进行的操作等。本小节将对这些进行介绍。

11.1.1 掌握幻灯片的放映类型

幻灯片的放映类型分为演讲者放映、观众自行浏览及在展台浏览三种。单击"幻灯片放映"→"设置幻灯片放映"按钮，在"设置放映方式"对话框中可以选择放映的类型，如图11-1所示。

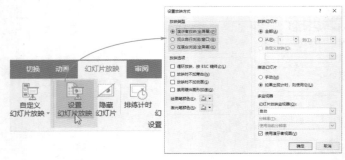

图11-1

（1）演讲者放映（全屏幕）

该类型是幻灯片默认的放映类型，它以全屏幕的方式进行放映。在放映过程中，用户可通过单击鼠标来实现幻灯片的切换、标记幻灯片内容等操作，如图11-2所示。

图11-2

在放映界面左下角的编辑工具中，用户可根据需要对当前幻灯片进一系列操作，如图11-3所示。

图11-3

在其他选项列表中，用户可对放映视图模式单屏或演示者视图)进行切换、屏幕（黑屏或白）设置、隐藏标记、显示任务栏等操作，如图11-4示。

2）观众自行浏览（窗口）

该类型是以窗口模式进行放映的，如图11-5所。它与演讲者放映类型最大的区别在于，该类型观众自己浏览幻灯片，所以更加注重幻灯片的交性能。在设置这类幻灯片内容时，需添加各类超链接、动作按钮或触器以便交互操作。

图11-4

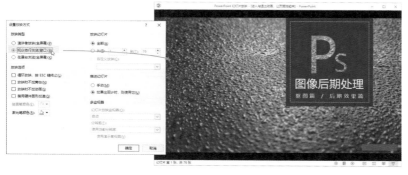

图11-5

3）在展台浏览（全屏幕）

该类型是在无人操控的情况下自行播放幻灯片。制作该类型的幻灯片时，需要预先设定好每张幻灯片播放的时间，如图11-6所示。

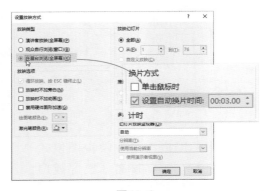

图11-6

11.1.2 在放映时编辑幻灯片

在放映幻灯片时，发现要对某个内容进行改动，那么常规的操作是要先中断放映，然后再进行修改。其实没必要，用户是可以一边放映，一边进行编辑操作的，如图11-7所示。

图11-7

在放映过程中，按【Alt+Tab】组合键，切换到软件编辑窗口即可打开编辑模式，如图11-8所示。

按【Alt+Tab】组合键

图11-8

知识链接

修改完成后，按【F5】键或在放映窗口中
选择"重新开始幻灯片放映"选项即可继续放
映幻灯片，如图11-9所示。

图11-9

以上介绍的是单屏幕放映模式，也就是说在一台计算机上进行放映
与编辑。如果使用多屏幕放映模式，例如计算机加其他显示器（投影
仪、液晶电视），那么边放映边操作就更加方便了。

使用多屏幕放映模式时，需要将计算机显示模式设为"扩展"模
式，如图11-10所示。

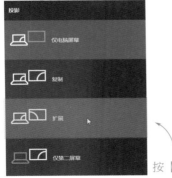

按【Alt+Tab】组合键

图11-10

设为"扩展"模式后，计算机屏幕内容即可出现在其他显示器上
了。此时，一个屏幕放映幻灯片，另一个屏幕显示幻灯片编辑视图，两

边互不影响。

使用多屏幕模式时，用户可以将编辑视图更换成"使用演示者视图"，以便更好地操控幻灯片的放映。

在幻灯片编辑视图中，勾选"幻灯片放映"→"使用演示者视图"复选框即可转换成该视图模式，如图11-11所示。

图11-11

（！）注意事项

在演示者视图中，用户只能操控幻灯片的放映状态，不能对幻灯片的内容进行编辑。如果是单屏幕放映，那么该功能将不起作用。只有在多屏幕模式下，才会显示该视图。

11.1.3 开始放映幻灯片

放映幻灯片的方式有三种：从头开始、从当前幻灯片开始及自定义幻灯片放映。其中"从头开始"为默认的放映方式。下面将对这三种放映方式进行介绍。

1）从头开始

顾名思义，从头开始是无论选择哪一张幻灯片，系统都会从首张幻灯片开始，按照顺序进行放映。单击"幻灯片放映"→"从头开始"按钮，或直接按【F5】键，如图11-12所示。

图11-12

2）从当前幻灯片开始

在幻灯片中指定一张幻灯片后，单击"从当前幻灯片开始"按钮，按【Shift+F5】组合键即可从当前指定的幻灯片开始依次放映，如图11-13所示。

图11-13

幻灯片放映结束后，按【Esc】键可退出放映操作。

3）自定义幻灯片放映

在放映过程中，如果只想放映某几张幻灯片的内容，就需使用自定义幻灯片放映功能了。

选择"幻灯片放映"→"自定义幻灯片放映"→"自定义放映"选
项，在打开的"自定义放映"对话框中新建一个放映方案，然后根据需
要勾选要放映的幻灯片，如图 11-14 所示。

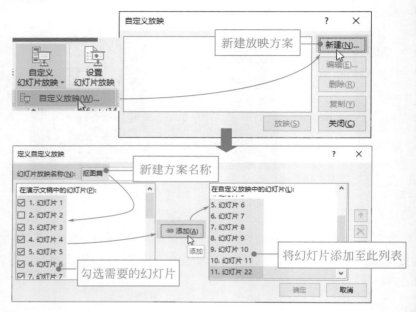

图 11-14

设置好后，返回"自定义放映"对话框，单击"放映"按钮即可放
映该方案。单击"关闭"按钮，可关闭"自定义放映"对话框。当下次
要放映该方案时，可在"自定义幻灯片放映"列表中选择方案名称，如
图 11-15 所示。

图 11-15

想要将自定义放映的方案设为默认放映内容，可打开"设置放映方式"对话框，从中单击"自定义放映"选项，并选择自定义放映方案，如图11-16所示。

图11-16

1.1.4　控制幻灯片的放映时长

为了很好地控制放映节奏，可以为幻灯片设置排练计时，记录每张幻灯片放映所需要的时间，如图11-17所示。在放映时，系统会根据每张幻灯片的放映时间自动放映所有内容。

图11-17

单击"幻灯片放映"→"排练计时"按钮后，幻灯片会进入放映状态，并在左上角显示出"录制"工具栏，通过该工具栏中的按钮可对所有幻灯片进行计时操作，如图11-18所示。

图11-18

计时结束后，会打开提示对话框，在此会统计出总时间，并询问是否保留计时，单击"是"按钮完成计时操作。

(◉◉) **知识链接**

如果想删除排练计时，可在"切换"选项卡中取消勾选"设置自动换片时间"复选框，将时间清零，并单击"应用到全部"按钮，如图11-19所示。

图11-19

11.1.5 解决放映过程中的常见问题

在放映过程中经常会遇到这样或那样的问题，例如，在放映时取消动画的播放、取消幻灯片自动放映模式、放映时快速切换到指定幻灯片、暂停自动放映的幻灯片等。

（1）在放映时取消动画的播放

当遇到不太适宜放映动画的场合时，用户就需要停止所有动画效果。如果一张张地停止，势必会影响效率。那么想要高效地清除所有动画，就可通过"设置放映方式"对话框来操作，如图11-20所示。

需要注意的是，勾选"放映时不加动画"复选框后，幻灯片中的动画并未清除，只是在放映时不播放而已。

图11-20

（2）取消幻灯片自动放映模式

利用网上模板制作的幻灯片，在放映时经常会遇到当前页内容未讲解完，系统就自动切换到下一页的情况。当遇到这种情况时，用户可通过取消勾选"设置自动换片时间"及"使用计时"复选框来操作，如图11-21所示。

图11-21

（3）放映时快速切换到指定幻灯片

默认情况下，系统会按照顺序来放映幻灯片，如果想要快速地切换到某一张幻灯片，可在放映过程中，使用鼠标右键单击，在弹出的快捷菜单中选择"查看所有幻灯片"选项，然后选择所需幻灯片，如图11-22所示。

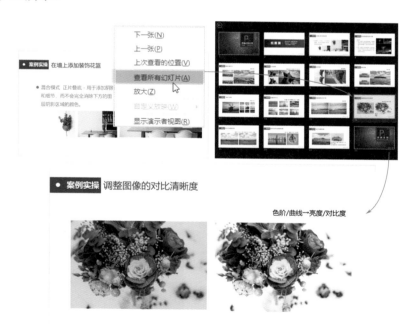

图11-22

（4）暂停自动放映的幻灯片

对于自动放映的幻灯片来说，如果想要在某一页暂停，仔细讲解其中的内容，那么用户直接按【S】键即可暂停自动放映，如图 11-23 所示。

按一次则暂停；再按一次则恢复自动放映状态

图 11-23

11.2 讲解幻灯片内容

幻灯片在放映过程中，用户可以通过墨迹功能或旁白录制功能来对其内容进行标记。本小节将对这些功能的基本操作进行介绍。

11.2.1 标记幻灯片内容

在演示过程中，如果需要对一些重点内容进行标记，则可使用墨迹功能来操作，如图 11-24 所示。

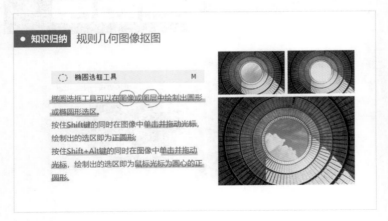

图 11-24

在放映状态时，单击左下角"墨迹" ✏ 按钮，在打开的列表中选择迹类型，然后选择墨迹的颜色，指定位置，拖动鼠标，即可添加标，如图11-25所示。

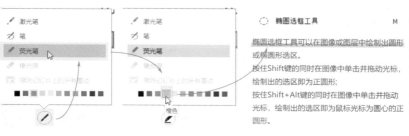

图11-25

添加标记结束后，按【Esc】键，会打提示框，询问是否保留墨迹注释，在此可据需要进行选择，如图11-26所示。

图11-26

.2.2　对幻灯片标记进行修改

标记添加完成后，如果单击"保留"按钮，那么系统会将标记保在幻灯片中。此外，用户可以对所做的标记进行修改，如图11-27示。

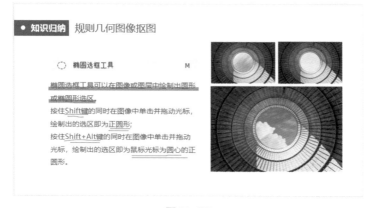

图11-27

保留下来的标记是以图形来显示的。选中标记后，在"绘图工具格式"→"形状轮廓"列表中对标记的颜色、线型及粗细进行修改，如图11-28所示。

而在"墨迹书写工具-笔"选项卡中，可以进行更改标记的类型，添加或删除标记等操作，如图11-29所示。

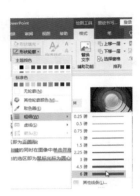

图11-28

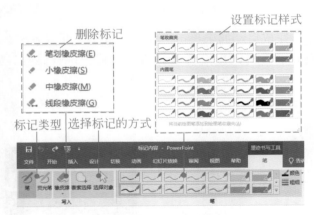

图11-29

知识链接

在"笔"状态下手动绘制出的墨迹，单击"将墨迹转换为形状"按钮后，系统会将其自动转换为正规的形状，如图11-30所示。

图11-30

1.2.3　为幻灯片添加旁白

为了让观众更好地观看幻灯片的内容，可以使用"录制幻灯片演示"功能为幻灯片添加旁白，如图11-31所示。这种方式经常用于教学课件中。

图11-31

打开所需的幻灯片，选择"幻灯片放映"→"录制幻灯片演示"→"从头开始录制"选项，打开录制窗口，单击"录制"按钮，即可进行录制操作，如图11-32所示。在录制过程中，用户可以边录制、边添加必要的标记或注释。

图11-32

录制结束后，系统会将录制的文件自动插入幻灯片中。如果需要删除某张幻灯片中的录制文件，只需在"录制幻灯片演示"→"清除"列表中选择所需选项即可，如图11-33所示。

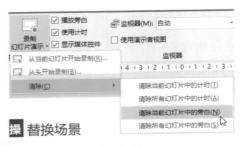

图11-33

11.3 输出幻灯片

为了方便在没有安装PowerPoint软件的计算机上也能够正常浏览灯片,可将幻灯片转换成其他格式的文件,例如图片、PDF文档、视文件等。下面将介绍几种常用的输出操作。

11.3.1 打印幻灯片讲义内容

有时受到演讲场地的限制,幻灯片中的讲义内容不方便展示出来这时,可以将讲义打印出来,以方便演讲者查看,如图11-34所示。

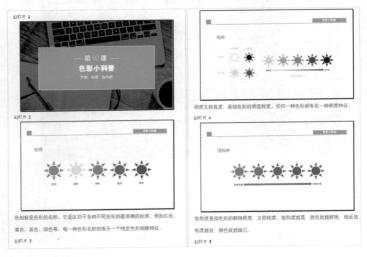

图11-34

打开幻灯片，选择"文件"→"导出"→"创建讲义"选项，设

版式，单击"确定"按钮，即可创建Word版讲义内容，如图11-35所

。打开Word讲义，将其打印即可。

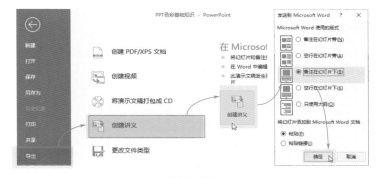

图11-35

.3.2 按需将幻灯片输出为各类文件格式

使用"导出"功能，可以将幻灯片输出为图片、视频、PDF等文件

式，如图11-36所示。

图11-36

（1）输出图片格式

幻灯片输出的图片格式可分为两类：一类是将幻灯片输出为JPG或PNG格式文件；另一类则为"PowerPoint图片演示文稿"格式。输出为图片格式的操作方法类似，前者是将每页幻灯片单独保存到文件夹中并借助图片查看器或其他看图软件打开，如图11-37所示；而后者则是将每页幻灯片以".PPTX"格式保存，但它们均以图片来显示，如图11-38所示。

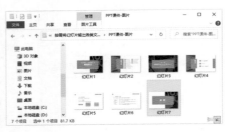

图11-37   图11-38

选择"文件"→"另存为"选项，打开"另存为"对话框，将"保存类型"设为"JPEG文件交换格式"或"PowerPoint图片演示文稿"选项，单击"保存"按钮，如图11-39所示。

选择输出的数量

图11-39

（2）输出视频格式

在幻灯片中加入一些酷炫的动画后，为了能够更好地展示，可将幻灯片以视频格式进行输出。选择"文件"→"导出"→"创建视

"→"创建视频"选项，在打开的"另存为"对话框中设置保存路
，如图11-40所示。

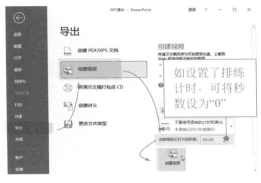

图11-40

3）输出 PDF 格式

PDF格式是在Internet上进行电子文档发送和数字化信息传播的通
文件格式。它能够真实还原出文档的原始面貌。选择"文件"→"导
"→"创建PDF/XPS文档"→"创建PDF/XPS"选项，并在"另存
"对话框中设置保存路径，如图11-41所示。

图11-41

1.3.3 将幻灯片内容进行打包

如果幻灯片中插入了大量的素材文件，例如视频、音频或其他链接
文档等，在进行传输时，为了避免遗漏素材，而导致幻灯片无法正常放

映，可将幻灯片进行打包，如图11-42所示。

图11-42

打开所需幻灯片，选择"文件"→"导出"→"将演示文稿打包成CD"→"打包成CD"选项，在打开的"打包成CD"对话框中单击"复制到文件夹"按钮，并设置复制的路径，即可完成打包，具体步骤如图11-43所示。

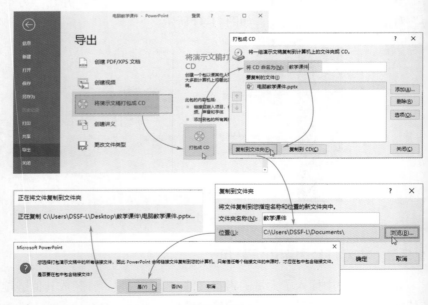

图11-43

扫码观看
本章视频

第 **12** 章

办公软件之间
的协同操作

Word、Excel、PPT三大组件
各有各的优势：Word适用于文
档排版；Excel适用于数据的处
理与分析；PPT适用于文档的
展示。合理地利用好各组件的优
势，在一定程度上可提高办公效
率。此外，用户还可利用第三方
软件进行文档的协同办公操作。

12.1 Office 软件之间的信息联动

将文档、表格和幻灯片内容相互调用，这在工作中是经常遇到的事。例如，在 Word 文档中嵌入 Excel 表格、将 Word 文档一键转换为 PPT，或是将 Excel 图表嵌入幻灯片中等。下面将对这些协同操作进行简单介绍。

12.1.1 在 Word 文档中导入 Excel 表格

如果有现成的 Excel 表格，那么用户可在 Word 文档中将 Excel 表格导入，无需再重复创建。

（1）利用复制粘贴功能导入

复制 Excel 表格后，在 Word 文档中使用鼠标右键单击，在弹出的快捷菜单中选择"保留源格式"选项，即可导入 Excel 表格，如图 12-1 所示。

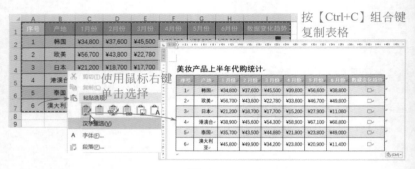

图12-1

使用该方法是无法将迷你图复制出来的，除非以图片的方式进行粘贴，如图 12-2 所示。

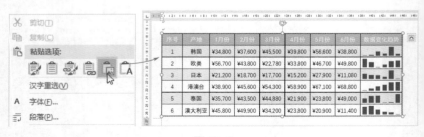

图12-2

使用鼠标右键单击，可见粘贴选项分为6种，如图12-3所示。

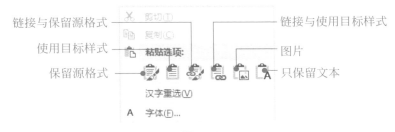

图12-3

保留源格式：该方式是按照表格原来的格式进行粘贴，粘贴后的表格可直接进行修改。

使用目标样式：该方式是将表格按照Word文档当前主题样式进行粘贴，粘贴后表格内容可以直接修改，如图12-4所示。

序号	产地	1月份	2月份	3月份	4月份	5月份	6月份	数据变化趋势
1	韩国	¥34,800	¥37,600	¥45,500	¥39,800	¥56,600	¥38,800	□
2	欧美	¥56,700	¥43,800	¥22,780	¥33,800	¥46,700	¥49,800	□
3	日本	¥21,200	¥18,700	¥17,700	¥15,200	¥27,900	¥11,080	□
4	港澳台	¥38,900	¥45,600	¥54,300	¥58,900	¥67,100	¥68,800	□
5	泰国	¥35,700	¥43,500	¥44,880	¥21,900	¥23,800	¥49,000	□
6	澳大利亚	¥45,800	¥49,900	¥34,200	¥23,800	¥20,900	¥11,400	□

图12-4

链接与保留源格式：该方式是在"保留源格式"的基础上加载了链接功能。也就是说表格还是以原本的格式进行粘贴，而当Excel表格中内容发生了变化，粘贴后的表格内容也随之进行更新，如图12-5所示。

序号	产地	1月份	2月份	3月份	4月份	5月份	6月份	数据变化趋势
1	韩国	¥34,800	¥37,600	¥45,500	¥39,800	¥56,600	¥38,800	□
2	欧美	¥56,700	¥43,800	¥22,780	¥33,800	¥46,700	¥49,800	□
3	日本	¥21,200	¥18,700	¥17,700	¥15,200	¥27,900	¥11,080	□
4	港澳台	¥38,900	¥45,600	¥54,300	¥58,900	¥67,100	¥68,800	□
5	泰国	¥35,700	¥43,500	¥44,880	¥21,900	¥23,800	¥49,000	□
6	澳大利亚	¥45,800	¥49,900	¥34,200	¥23,800	¥20,900	¥11,400	□

Excel表格中内容修改后，按【F9】键可更新

图12-5

链接与使用目标样式：该方式与"使用目标样式"相似，它是在"使用目标样式"的基础上加载了链接功能，同样可进行表格的更新操作。

图片：该方式是将表格转换为图片，100%还原 Excel 表格原本面貌，但使用该方式的表格是不能进行修改的。

只保留文本：该方式只提取 Excel 表格中的内容，并以纯文本的形式来显示。粘贴后可直接对其内容进行修改，如图 12-6 所示。

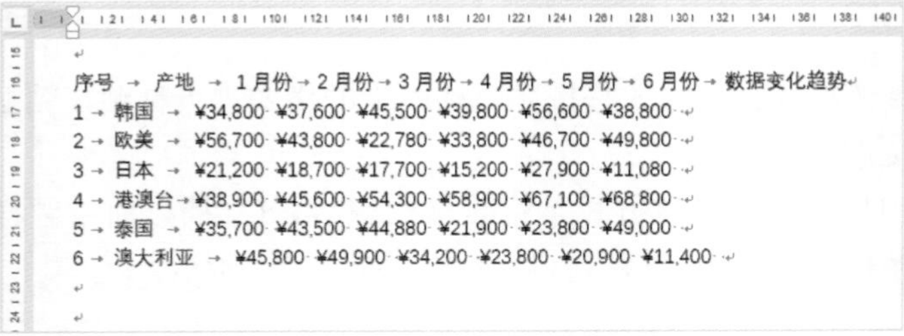

序号 → 产地 → 1月份→ 2月份→ 3月份→ 4月份→ 5月份→ 6月份 → 数据变化趋势

1 → 韩国 → ￥34,800 ￥37,600 ￥45,500 ￥39,800 ￥56,600 ￥38,800

2 → 欧美 → ￥56,700 ￥43,800 ￥22,780 ￥33,800 ￥46,700 ￥49,800

3 → 日本 → ￥21,200 ￥18,700 ￥17,700 ￥15,200 ￥27,900 ￥11,080

4 → 港澳台→￥38,900 ￥45,600 ￥54,300 ￥58,900 ￥67,100 ￥68,800

5 → 泰国 → ￥35,700 ￥43,500 ￥44,880 ￥21,900 ￥23,800 ￥49,000

6 → 澳大利亚 ￥45,800 ￥49,900 ￥34,200 ￥23,800 ￥20,900 ￥11,400

图12-6

（2）利用"对象"功能导入

在 Word 文档中指定表格插入点，单击"插入"→"对象"按钮，打开"对象"对话框，在此加载 Excel 表格，如图 12-7 所示。

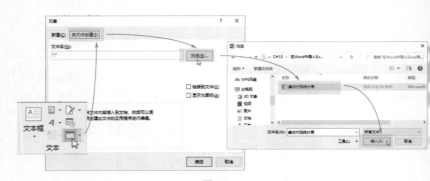

图12-7

如需对表格内容进行修改，可双击该表格，在打开的 Excel 编辑窗口中修改，如图 12-8 所示。该方法是将 Excel 表格嵌入 Word 文档中所以其中的迷你图表是正常显示的。

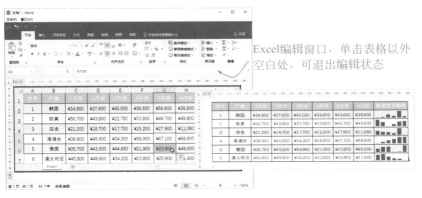

Excel编辑窗口，单击表格以外空白处，可退出编辑状态

图12-8

12.1.2 将Word文档一键转换成PPT

Word文档在制作完成后，只需单击"发送到Microsoft PowerPoint"按钮，便可以整体转换成演示文稿，如图12-9所示。

图12-9

默认情况下，"发送到Microsoft PowerPoint"按钮是需要用户手动调出的。在快速访问工具栏中选择"自定义快速访问工具栏"→"其他命令"选项，在打开的"Word选项"对话框中加载该按钮，如图12-10所示。

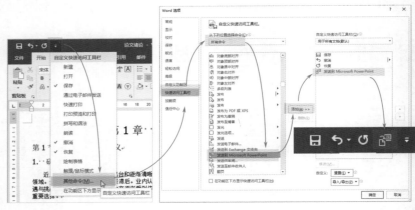

图12-10

打开 Word 文档后，不要急于单击该按钮进行转换，应该先梳理一遍 Word 文档，避免转换后的幻灯片出现各种不可控的问题，这样调整起来会很麻烦。

正确的操作流程：先将 Word 文档切换到大纲视图，调整文档的各大纲级别，然后单击"发送到 Microsoft PowerPoint"按钮进行转换操作，最后在 PowerPoint 软件中稍作调整。

在 Word 文档中单击"视图"→"大纲"按钮，切换到大纲视图，调整文档的级别数，将所有标题内容都设为1级，正文内容均设为2级，如图 12-11 所示。

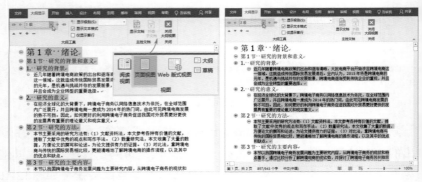

图12-11

调整好后，关闭大纲视图界面，单击"发送到Microsoft PowerPoint"按钮，系统会自动启动PowerPoint软件，并完成文档基本转换操作，如图12-12所示。

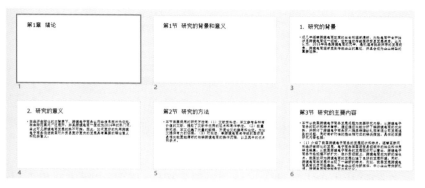

图12-12

接下来需要对幻灯片内容进行微调。当出现内容过多、溢出页面的情况时，可将该内容分成两页显示，如图12-13所示。为幻灯片添加一个内置的主题，调整一下各页面的版式，即可完成转换操作。

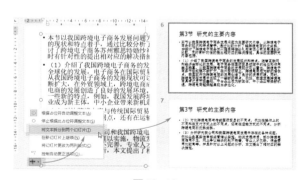

图12-13

2.1.3 将Excel图表嵌入幻灯片中

在幻灯片中嵌入Excel数据表或图表的方法与在Word中相似，同样是利用"对象"功能来操作，如图12-14所示。

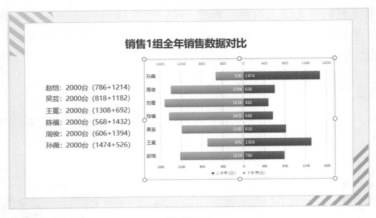

图12-14

在幻灯片中单击"插入"→"对象"按钮，打开"插入对象"对话框，在此加载所需的 Excel 图表。双击嵌入的图表，进入 Excel 编辑窗口，在此可对图表进行二次编辑，如图 12-15 所示。

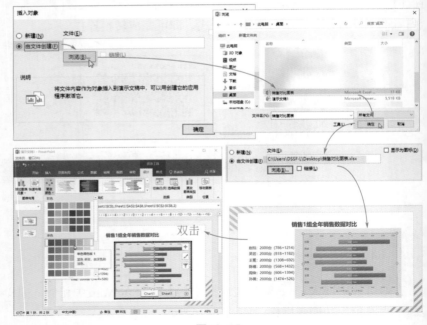

图12-15

2.2　高效的移动端办公工具

以往一旦离开了办公室、离开了计算机，对 Excel 图表或 Word 文档等办公文件的操作将无计可施。而如今只需一部手机，不管身在何处，都能及时处理办公文件。本节以 WPS Office App 为例，简单介绍一下如何在手机端进行文档的处理。

2.2.1　手机 Word 完美应用

在使用前需要在手机端应用商店中下载安装 WPS Office App，然后通过手机微信或 QQ 接收并利用 WPS Office App 打开所需 Word 文档，如图12-16所示。

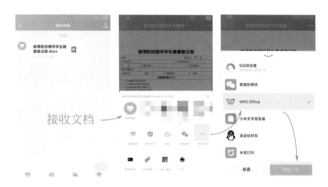

图12-16

单击屏幕上方"编辑"按钮，进入文档编辑状态，单击要编辑的区域，输入文字内容，如图12-17所示。

图12-17

如果需要设置文本样式，可选中所需文本，单击下方工具栏中的 A 按钮，并选择"更多"按钮，在打开的列表中对字体、字号、字体颜色等选项进行设置，如图12-18所示。

调整完毕后，单击列表上方的"文件"→"另存为"选项，选择保存位置，即可保存当前文档，如图12-19所示。

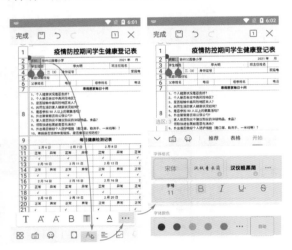

图12-18

图12-19

除此之外，用户还可在"文件"列表中选择"分享与发送"的方式，选择"分享给好友"，将该文件直接分享出去，如图12-20所示。

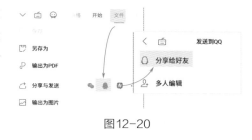

图12-20

12.2.2 数据表格掌上处理

利用手机也能对Excel图表进行基本的处理，例如数据的录入、筛选、简单计算等。

利用WPS Office App打开所需的数据报表，并进入编辑模式。单击所需单元格，即可输入文本内容，如图12-21所示。

选择所需数据内容，单击下方工具栏左侧 ▦ 按钮，打开设置列表，在此可以设置数字格式，如图12-22所示。

选择要筛选的单元列，打开设置列表，选择"数据"→"筛选"选项添加筛选器，并进行筛选操作，如图12-23所示。

图12-21

图12-22

选择需要求和的单元格，在工具栏中单击 f(∞) 按钮，在打开的列表中选择"sum"，并选择相应的单元格，单击右侧"√"按钮，即可计算出求和值，如图12-24所示。

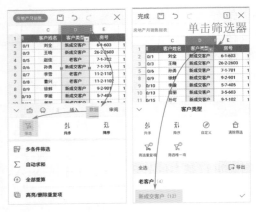

图12-23

图12-24

12.2.3 手机玩转PPT文稿

在手机端处理幻灯片也很方便，例如新建幻灯片、添加图片、添加背景音乐、添加切换动画等，都可以轻松实现。

使用WPS Office App打开幻灯片，并进入编辑模式。在下方幻灯片缩略图中选择一张幻灯片进行复制粘贴，创建一张相同内容的幻灯片，如图12-25所示。

选中该幻灯片中的文本内容，可以直接对其进行修改，如图12-26所示。

图12-25

图12-26

单击视图下方 ⊞ 按钮，打开设置列表，选择"插入"→"图片"选项，在"插入图片"界面中加载所需图片至当前幻灯片中，如图 12-27 所示。

图12-27

适当缩小图片，调整图片的位置。选中图片，在下方工具栏中，可以根据需要对图片进行必要的美化，例如选择"创意裁剪"选项，在打开的"创意裁剪"界面中可以应用一款自己满意的裁剪效果，如图 12-28 所示。

选择"插入"→"背景音乐"选项，可在当前幻灯片中加载背景音乐，如图 12-29 所示。

图12-28   图12-29

在"切换"列表中可以根据需要选择一种切换类型，应用至所有幻灯片中，如图12-30所示。

选择"播放"→"从首页"选项，系统会从首页开始放映幻灯片，在此，用户可查看设置的结果，如图12-31所示。

图12-30

图12-31

12.2.4　有道云笔记掌上应用

当对生活有所感悟、在工作中迸发灵感时，我们可能想随时记上一笔。手机版的有道云笔记App具备手写、插图、语音速记等功能，在快速记录的同时，还能让笔记内容更加丰富多彩。

下载并安装有道云笔记App后进入操作界面，单击右下方"＋"按钮，可以选择记录方式，这里选择"新建笔记"选项，新建一个空白的面，如图12-32所示。

图12-32

在空白页面中，用户可以记录所需内容。单击屏幕下方工具栏中的快捷按钮，可添加方框控件，如图12-33所示。此外，用户还可以进行设置文本格式、插入图片等操作。

创建完成后，单击屏幕上方的"完成"按钮，即可保存该内容。单击 按钮，可快速创建录音速记内容，如图12-34所示。

图12-33   图12-34

12.3　多人协同办公

在日常工作中，由多人协同来完成一份报告的情况很常见。这样就会涉及多份文档合并操作。如果安排得不合理，那么整个工作程序将乱套，从而加重负担。如何安排好协同工作的流程呢？本小节将解决这一问题。

12.3.1　利用Office合并功能协同办公

Word中有一项功能可以快速地将一份文档进行拆分与汇总操作，这项功能叫作"主控文档"。用户可以事先安排每个人所负责的文档范围，并分发下去，然后再将这些文档汇总成一份文档，看似复杂的流程，其实只需要几步就能轻松完成。

新建一份空白文档，先输入每人所负责的文档标题，切换到大纲视图，将标题均设为1级，如图12-35所示。

图12-35

拆分文档。在大纲视图中选择所有标题，单击"大纲显示"→"创建"按钮，此时系统会按照标题进行拆分，并以分节符进行分割，如图12-36所示。

图12-36

保存当前文档，此时在主文档所在的位置处会显示出其他拆分后的子文档。关闭当前文档，双击其中一份子文档进行查看，确认无误后，将这些子文档分发给其他人进行编辑，如图12-37所示。

图12-37

当所有人编辑完成后，将文档复制粘贴至原来保存的文件夹中，并覆盖同名文件。打开主控文档，此时，该文档会显示所有子文档的链接信息。切换到大纲视图，单击"展开子文档"按钮，即可显示各子文档的内容。关闭大纲视图，切换到正常视图界面，按【Ctrl+S】组合键进行保存。拆分后的主控文档不会自动显示所有子文档内容，需要在大纲视图界面中单击"取消链接"按钮才可转换为普通文档，如图12-38所示。

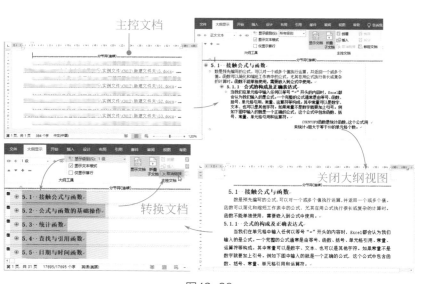

图12-38

12.3.2　利用腾讯文档进行协同办公

腾讯文档可支持在线文档、在线表格、在线幻灯片等文件类型，实现多人实时编辑文档，以及云端实时保存功能，是一款非常好用的多人协同在线办公工具。

（1）在线创建文档

启动并登录QQ软件，单击QQ界面下方"腾讯文档"按钮，进入腾讯文档界面。单击"新建"→"在线表格"按钮，进入表格创建界面，在此输入表格内容，如图12-39所示。

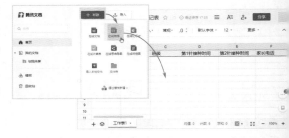

图12-39

（2）分享文档

腾讯文档有实时保存功能，文档创建好后直接关闭即可。选中创建的文档，单击"分享"按钮，选择分享方式，即可将文档分享出去，如图12-40所示。

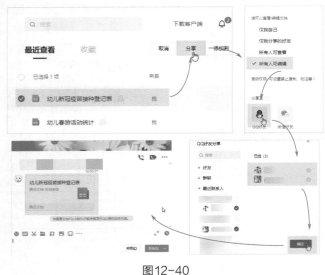

图12-40

（3）在线编辑分享的文档

对方接收到分享文档后，双击该文档即可进入腾讯文档界面，在此可以实时在线对文档进行编辑，如图12-41所示。编辑完成后，可直接关闭文档。

图12-41

（4）实时查看编辑状态并下载文档

对方编辑文档后，用户可以在自己的腾讯文档中实时查看编辑的状态，当所有人编辑完成后，可以将该文档下载到计算机中，以便以后调用，如图12-42所示。

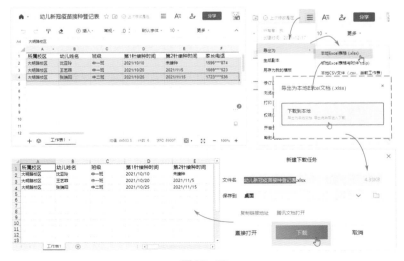

图12-42

附录 Office通用快捷键

快捷键	作用	快捷键	作用
功能键		Ctrl组合键	
F1	打开帮助窗口	Ctrl+A	全选文档内容
F4	重复上一次操作	Ctrl+B	加粗字体
F7	拼写检查	Ctrl+C	复制所选文本或对象
F8	扩展所选内容	Ctrl+F	快速打开"查找"对话框
F10	显示菜单快捷提示	Ctrl+H	快速打开"替换"对话框
F12	快速打开"另存为"对话框	Ctrl+I	将文字设为"斜体"
Ctrl+F1	将功能区最大/最小化	Ctrl+N	快速创建当前同类型的新文件
Ctrl+F2	快速打开"打印"界面	Ctrl+O	快速打开"打开"界面
Ctrl+F4	关闭当前活动窗口	Ctrl+P	快速打开"打印"界面
Ctrl+F6	显示多个窗口时，切换到下一个窗口	Ctrl+S	快速保存当前文档内容
Ctrl+F10	将活动窗口最大/最小/还原	Ctrl+U	为所选文字添加下划线
Ctrl+F12	快速打开"打开"对话框	Ctrl+V	粘贴复制的文本或对象
Shift+F6	显示命令快捷提示	Ctrl+W	快速关闭文件
Shift+F10	打开鼠标右键菜单列表	Ctrl+X	剪切所选文本或对象
Alt+F8	快速打开"宏"对话框	Ctrl+Y	重复上一步操作
Ctrl+Shift+F6	快速切换到上一个窗口	Ctrl+Z	撤销上一步操作
Ctrl/Shift/Alt组合键		Enter	运行选定的命令
Ctrl+Shift+Tab	切换到对话框中的上一个选项卡	Home	移至条目开头
Ctrl+Shift+←	向左选取或取消选取一个单词	End	移至条目结尾
Ctrl+Shift+→	向右选取或取消选取一个单词	← / →	向左或向右移动一个字符
Ctrl+Shift+<	快速缩小字号	Page Up	在选中的库列表中向上滚动
Ctrl+Shift+>	快速增大字号	Page Down	在选中的库列表中向下滚动
Shift+Tab	移到上一个选项或选项组	Print Screen	将屏幕上的画面复制到剪贴板
Shift+Home	选择从插入点到条目开头之间的内容	Win键	
Shift+End	选择从插入点到条目结尾之间的内容	Win	显示"资源管理器"窗口
Shift+←	向左选取或取消选取一个字符	Win+D	返回计算机桌面
Shift+→	向右选取或取消选取一个字符	Win+F	显示"搜索"窗口
Alt+Shift+Tab	切换到上一个窗口	Win+R	显示"运行"窗口
Alt+Tab	切换到下一个窗口	Win+L	计算机锁屏
Alt+Print Screen	将所选窗口中的画面复制到剪贴板		
单个按键			
Tab	移到下一个选项或选项组		
Delete	删除文本和对象		
Esc	取消操作